企业班组应急管理

主编　罗　云　盖文妹
参编　徐　可　石秀丽
　　　岳　玥　江延立

应急管理出版社
·北　京·

内 容 提 要

本书针对班组应急管理的特点，结合相关法律法规和班组安全生产的工作实际，在全面介绍班组应急管理关键要素和基本知识的同时，从应急管理中的“预防”“准备”“响应”“恢复”四个阶段出发，重点对班组的应急工作进行阐述，以落实班组成员在企业安全生产工作中的主体责任，提高应对突发事件能力。本书主要内容包括班组应急管理基本知识、班组应急文化建设与管理、班组风险分析与应急能力评估、班组应急预案的编制、班组应急演练的组织与实施、突发事件应急处置与急救。

本书可供企业班组学习、培训使用，也可作为企业管理人员及相关研究人员的参考用书。

前 言

应急管理是现代社会国家治理体系和治理能力的重要组成部分，是促进社会经济发展的重要支撑，是保障企业安全生产的重要工作。企业班组是落实应急管理工作最前沿、最直接的层级，对做实、做好应急管理发挥着不可替代的作用。

企业班组处于生产第一线、管理第一道岗，企业的应急管理措施、规定、制度都要在班组具体贯彻落实，在班组见到效果。班组作为企业承上启下的基层组织，是企业安全生产最基础、最根本的环节，企业应急管理中的一系列安全措施、控制措施，都要依靠班组长组织员工具体落实，应急响应和救援的警铃通常也需要班组成员来敲响。班组长作为班组安全生产的第一责任人，对班组人员的安全负责，对企业负责。处于生产一线的班组的应急管理能力直接体现了企业的应急管理水平。完善班组应急管理，加强班组应急建设是企业应急管理的关键，也是减少伤亡事故，及时遏制事态发展最有效的手段。

如何让企业班组和员工在安全生产应急管理方面发挥应有的作用，做好生产安全事故的报告、应对、处置、救援等应急工作，需要各行业企业做好应急教育培训，需要员工掌握基本的应急管理知识。基于上述背景和认识，我们编写了本书。

本书从企业班组应急管理工作的实际情况出发，针对应对突发事件管理“事前”“事中”“事后”三个过程，从应急管理的基本知识入手，着重强调了班组应急管理的工作内容和班组长的应急管理职责，以及一些常见的事故应急知识，具有企业班组基层应急管理现实的针对性和实用性。希望本书的出版对企业班组的应急管理教育培训、应急管理体系建设起到一定的启发和促进作用。

本书是一本科普性、常识性的与班组应急管理建设相关的读物，具有浅显、易懂和普适的特点。本书不仅适用于建筑、煤矿、非煤矿山、冶金、有色、地质勘探、石油、化工、城建等高危行业领域，也适合于机械制造、电子工业、纺织轻工、食品加工、餐饮服务、家电维修等一般工贸企业。

在本书的编写过程中，参考了大量的相关资料，特向这些资料的作者表示诚挚的谢意。由于时间紧、任务重，编者能力所限，本书难免存在不足之处，敬请广大读者批评指正，以便在今后的修订中逐步完善。

编　者

2020 年 3 月

目 录

第一章　班组应急管理概述

第一节　为什么要进行班组应急管理

随着2006年1月8日国务院发布的《国家突发公共事件总体应急预案》出台，我国应急预案框架体系初步形成。在经历了十几年的发展后，2018年3月根据第十三届全国人民代表大会第一次会议批准的国务院机构改革方案，中华人民共和国应急管理部设立，标志着我国正式进入总体国家安全观下中国特色应急管理体系建设时期。在“安全第一、预防为主、综合治理”的指导方针下，如何进一步加强应急管理能力建设，是企业亟待解决的问题。现在已经有了许多指导企业安全生产工作的研究成果，但大多从企业管理层面出发，着眼于安全管理工作。安全管理与应急管理并不是一回事。笼统来说，安全管理作为企业生产管理的一部分，与其他的管理模块类似，主要重在处理安全与企业其他管理要素（生产、质量、速度、效益等）之间的关系；但应急管理重在“应急”，不管是事前预防，还是事中响应、事后恢复，都是为了降低突发事件的危害程度，并且建立必要的应对机制。同时，班组作为企业中基本作业单位，是企业内部最基层的劳动和管理组织，也是企业应急管理的第一道关卡。只有做好班组的应急工作，整个企业的应急管理工作才有保证，班组的应急能力提高了，企业的应急管理水平也就提高了。

一、来自案例的成功经验

(一) 华晋焦煤王家岭煤矿“3·28”特别重大透水事故成功救援

2010年3月28日14时30分左右，华晋焦煤有限责任公司王家岭煤矿在基建施工中发生透水事故，事故造成153人被困，经过全力抢险115人获救，另有38名矿工遇难，直接经济损失4937.29万元。

由于该矿20101回风巷掘进工作面附近小煤窑老空区积水情况未探明，且在发现透水征兆后未及时采取撤出井下作业人员等果断措施，掘进作业导致老空区积水透出，造成+583.136米标高以下的巷道被淹和人员伤亡。事故发生后，在党中央的重要指示下，地方安监局配合当地政府全力组织抢救。4月5日凌晨，首批9名被困者顺利升井，截至15时40分左右共有115人被救升井，此时距离事故发生已经过去8个昼夜。王家岭煤矿抢险救援在中国事故抢险救援史上创造了两个奇迹：一个是被困工人的生命奇迹，一个是事故救援的奇迹。这个奇迹的发生，不仅与国家的积极救援有关，更与矿工们的应急能力有关。矿工们被困在暗无天日的井下，不放弃求生的希望，不绝望地束手待毙，相反，在那种命悬一线的困境中，他们互相鼓励，积极求生，他们一次次超越生命极限，在救援大军夜以继日的施救下，终于等到了曙光。

(二) 石家庄市成功处置“4·21”液化气泄漏事故

石家庄市太行南大街快速路系统工程设计为双向八车道，发生事故的第二标段路基工程全长7.04千米，下方自南向北埋地敷设有一条南北走向、自石家庄炼化分公司通往市液化气总公司储罐站的管径89毫米、工作压力0.4兆帕的液化石油气管道。

2011年4月21日15时40分左右，事发路段现场进行路基坑取土回填作业时，由于当时的挖掘机操作员私自替班作业，且没有企业内机动车驾驶特种作业证，又不熟悉地下管道状况，无视已经树立的警示液化石油气管走向标识，违章使用工程机械作业，造成挖掘机斗齿超过堆土层而深入路基强力挖破液化石油气管道事故。带压液化石油气从破损处泄漏，迅速气化向周围空气扩散，一旦遭遇点火源，极易导致剧烈的燃烧或产生燃爆。

管道泄漏事故发生后，施工现场负责人立即通过电话向工程项目部总工程师报告，总工程师迅速向 119 报警的同时，向市液化气总公司管道巡查员进行了通报，根据事态发展情况分别向石家庄市委、市政府值班室进行了阶段性报告，并建议疏散附近人员。石家庄市政府应急办接到报告后，立即核实有关信息，迅速向市政府领导汇报，并及时赶赴现场进一步了解具体情况。接到事故报告，石家庄市委、市政府及时作出指示，要求立即启动预案，组织抢险，全力管控，相关负责人第一时间赶赴事故现场，成立临时应急抢险指挥部。石家庄市公安局派出警力，配合当地政府疏散周边群众 2000 余人；有关专家赶赴现场进行技术指导，石家庄市液化气总公司立即启动企业应急预案，根据事故具体情况，制定科学方案，把危险因素降到最低。

由于应急处置及时、防范措施到位，避免了人员伤亡，也未引发次生事故，成功化险为夷。这是一次处置危险化学品泄漏事故的成功案例。这次事故得益于先期处置得当、报告及时；政府各部门协调配合，快速联动；专家指导、科学处置。

二、来自案例的教训

（一）广东佛山市轨道交通 2 号线“2·7”透水坍塌重大事故

2018 年 2 月 7 日晚，广东佛山市轨道交通 2 号线 TJ1 标段右线盾构机完成 905 环掘进。位于隧道底深埋约 30.5 米的淤泥质粉土、粉砂、中砂交界处且具有承压水的复杂地质环境中，在进行管片拼装作业时，突遇土仓压力上升，盾尾下沉，盾尾间隙变大，盾尾透水涌砂。经现场施工人员抢险堵漏未果，透水涌砂继续扩大，下部砂层被掏空，使盾构机和成型管片结构向下位移、变形。隧道结构被破坏后，巨量泥沙突然涌入隧道，猛烈冲断了盾构机后配套台车连接件，使盾构机台车在泥沙流的裹挟下突然被冲出700余米，并在隧道有限空间内引发了猛烈的冲击气浪，隧道内正在向外逃生的部分人员被撞击、挤压、掩埋，造成11人死亡、1人失踪、8人受伤，直接经济损失约5323.8万元。

此次事故是一起重大安全责任事故，中交二航局装备分公司安全生产主体不落实，盾构施工安全风险管控不足，冒险组织抢险堵漏；未制定隧道坍塌应急预案，在涌水突泥应急预案中未明确紧急情况下撤人的时机和程序；未按规定向从业人员告知危险因素、防范措施及事故应急措施，未进行安全技术交底。在涌泥涌砂严重的情况下，施工人员仍在隧道内进行抢险作业，撤离不及时，造成了人员伤亡的严重后果。

（二）江苏响水天嘉宜化工有限公司“3·21”特别重大爆炸事故

2019年3月21日14时48分，位于江苏省盐城市响水县生态化工园区的天嘉宜化工有限公司发生特别重大爆炸事故，造成78人死亡、76人重伤，640人住院治疗，直接经济损失198635.07万元。

14时45分35秒，天嘉宜公司旧固废库房顶中部冒出淡白烟。14时45分56秒，有烟气从旧固废库南门内由西向东向外扩散，并逐渐蔓延扩大。14时46分57秒，新固废库内作业人员发现火情，并试图用手提灭火器灭火。14时47分11秒，旧固废库房顶中部被烧穿有明火出现，火势迅速扩大。14时48分44秒，发生爆炸。

事故发生原因是，事故企业无视国家环境保护和安全生产法律法规，企业管理混乱，旧固废库内长期违法贮存硝化废料（主要成分是二硝基二酚、三硝基一酚、间二硝基苯、水和少量盐分等），这些硝化废料最长贮存时间超过7年。在堆垛紧密、通风不良的情况下，长期堆积的硝化废料内部因热量积累、温度不断升高导致自燃，燃烧引发爆炸。

（三）河北张家口有害气体中毒窒息事件

2019年7月22日16时30分许，河北张家口市某公司污水处理站综合沉淀池发生一起中毒窒息事故，造成5人死亡、4人受伤，直接经济损失690.6万元。

22日8时，因锅炉检修致生产车间的酸解和合成工段停工，副总经理（主管生产运行和污水处理站）安排污水处理站负责人带领生产车间人员清理污水处理站综合沉淀池的淤泥。9时左右，污水处理站负责人带领4人开始对综合沉淀池进行抽排水作业。15时56分，副总经理现场查看抽排水作业情况，发现池底剩余的淤泥无法一并抽出，要求现场作业人员用铁锹搅动淤泥后继续抽排水，然后离开。随后，员工站在池边用铁锹欲搅动池底淤泥，发现受池高度所限无法操作，故找来梯子并顺梯进入池底，随即出现呼吸困难，并向在场人员求救后晕倒在池底。在场两人相继顺梯进入池内进行施救，一人从梯上晕倒掉入池内，另一人晕倒侧俯在梯子上。池边人员见状遂把梯上人员救出，抬至彩钢房外并发出呼救。污水处理站附近的3名生产车间员工听到呼救，立即赶到现场进行施救。16时8分，副总经理接到电话报告赶到彩钢房内，不听在场人员劝阻进入池内，欲抱起倒在池底的员工时晕倒在池内。随后生产车间员工闻讯先后赶到彩钢房，不听众人劝阻进池施救，随即晕倒在池内。进入彩钢房内施救的2人晕倒在池边。16时11分，生产车间主任带领生产车间员工进入彩钢房施救。施救中1人感觉身体不适，欲走出彩钢房外时晕倒在池边。生产车间主任组织人员将晕倒人员抬到彩钢房外。16时17分，在污水处理站附近的农民听到呼救赶到现场，立即拨打119电话求救。16时20分，员工拨打120电话求救。

事故发生的原因是作业人员违反安全技术规程，违章进行清淤作业，淤泥中的硫化氢等有毒气体在抽排水作业和外力搅动下释放逸出，受彩钢房封闭限制，有毒气体不断聚集，人体过量吸入后造成伤亡。现场人员在情况不明且未配备设备设施情况下盲目施救，造成事故扩大。该公司未严格落实安全生产主体责任，安全生产教育培训缺位，风险管控和隐患排查不到位，应急处置能力低下。

三、应急管理与安全管理的关系

安全管理是企业管理体系的重要组成部分，它是为实现安全目标而进行的有关决策、计划、组织和控制等方面的活动。安全管理的对象是生产中一切人员、设备、环境的状态管控，从技术、组织和管理方面对企业的安全进行规划、指导、检查和决策，保障生产处于最佳安全状态。安全管理的范围不仅包括人民的生命财产安全，还包括信息安全、社会安全、生产活动安全，甚至科研工作安全。

应急管理指通过建立必要的应对机制，采取一系列必要措施，应用科学、技术、规划与管理等手段，保障公众生命、健康和财产安全，促进社会和谐健康发展的有关活动。应急管理的管理对象是突发事件，是对突发事件事前预防、事中应对、事后处理和善后恢复的全过程管理，管理范围主要包括自然灾害、事故灾害、公共卫生事件和社会安全事件四大类。安全管理和应急管理之间既有联系又各有不同，而这都为重大事故的处理起到一定的帮助作用。

（一）应急管理与安全管理的差异

1. 主动性和被动性的差异

安全管理指的是运用现代技术手段，辨析、评估及处理生产过程中的不安全因素，防止发生人身伤亡、财产损失和环境污染事故；其侧重点为安全，着眼于不出事故，注重事前预防，消除其脆弱性，是主动的动态管理。应急管理指的是为了降低突发事故的危害程度，通过建立必要的应对机制，有效集成各方资源，采取一系列必要措施对突发事件进行有效的监测、控制和处理，保障公众生命、健康和财产安全的有关活动；其侧重点为对事故的处理，着眼于事后把损失降到最低，具有被动应对的特性。

2. 资源利用封闭性和开放性的差异

安全管理由于行业间的技术差异，管理对象主要为企业内部环节，因此，资源的利用更多集中在企业或行业内部，表现出相对封闭性。应急管理注重资源的有效利用，包括内部和外部应急资源，具有明显的开放性。

3. 管理依据的差异

安全管理的依据是国家法律法规和企业规章制度，体系严密、细致、健全，大多以条令的形式存在，需强制执行。应急管理的主线是应急预案，预案更多依靠经验编制，为提高其适用性和操作性，需定期开展演练、评估，因此，其内容除原则性条款外其余均有可能根据实际进行完善。

（二）应急管理与安全管理的共同点

1. 属平行层级，无隶属关系

从国家相继出台的《中华人民共和国突发事件应对法》等法律分析可知，二者应属同一层级，且都具有不可替代的功能和重要性。但现实中不少企业将应急管理作为安全管理的一个从属分支开展工作，限制了应急管理应有功效。

2. 在安全生产领域目的是一致的

无论侧重点是事前预防还是事后控制，或是采用各类规章制度及定期演练等不同管理方式，其根本落脚点都是为实现企业安全生产。

3. 强调全员参与

无论是安全管理还是应急管理，都不可能脱离具体的管理对象而独自开展工作，全员参与一直都是企业管理的主旋律。

（三）应急管理与安全管理的联系

1. 安全管理为普遍管理方式

在完整的安全系统当中，安全管理是针对部门与部门之间、生产与部门之间、生产与经济利益之间等多种关系进行的。安全管理的对象是一种稳定的常态，安全管理针对一切人、物、生产流程、活动方式以及环境状态进行，包括对其安全状态的监管，积极排除不安全、不稳定的因素等。在国家、企业以及事业单位的稳步运行与发展过程中，安全管理保障了各方面的协调发展，在出现安全隐患时采取相应的对策及时解决，具有动态性和灵活性的鲜明特点，是作为常态存在的。

2. 应急管理使安全管理有了多元化特征

应急管理对比安全管理来说，具备应对突发事件的特殊功能。国家、企业、事业单位一般呈现出稳定与和谐的基本状态，然而，无法避免地会存在一些安全隐患，继而发生一些突发事件。普通的安全管理机制对于突发事件来讲已经不再适用，由于突发事件十分突然，且利害关系不一定，具有不可预测的特点，而具体的应急管理机制因其本身具有针对性和灵活性，可以很好地处理突发的重大事故，并且系统地分析事故发生的原因与基本状况，与此同时，通过分析与研究，对未来的发展态势进行预测，有利于事故的后期恢复工作。

3. 安全管理与应急管理相互配合，互为补充

经过以上论述，可以显而易见地看出安全管理和应急管理之间的关系。安全管理与应急管理皆具备其独有的管理机制和管理方法，在事件没有发生的情况下，安全管理机制保证各个机构的稳定发展，并且对安全事故的发生进行预测，应急管理机制予以第二重的深入安保工作。在事故发生的情况下，应急管理机制启动，在第一时间针对事故的具体情况给出处理意见和形式预测。这两种管理系统相互配合，互为补充，保证了社会的稳定和安全事故的有效处理。

第二节 应急管理基本原理及理论

一、风险社会理论

从人类历史发展的角度看，风险是与人类共存的，但是随着现代社会的到来，人类开始成为风险的生产者，这使得风险的结构和特征发生根本性变化，由此产生现代意义上风险社会的雏形。

风险社会这个概念由贝克首次提出，他在1986年出版的《风险社会》一书中用风险社会理论来描绘后现代工业社会。贝克指出，风险社会理论是对未来世界也是对现实世界将可能存在和已经存在的“社会疾病”详细了解分析之后得出的一个诊断性结论。风险是与人类社会并存的，在进入工业时代和信息时代后，人类成为风险的主要制造者，这让风险的本质、特征发生了根本性的变化。科技高度发达的社会，为社会成员造就了舒适安逸的生存环境，但也带来了许多足以毁灭全人类的一系列不可控、不可逆的巨大风险，如核危机、生态危机等。

贝克将风险社会中的风险总结为以下特征：

（1）风险的延展性与全球性。

（2）风险的不可感知性。

（3）风险的人为性。

（4）风险的平等性。

风险社会概念是对目前人类所处时代特征的形象描绘。我们可以说人类处于风险社会时代，但是不能讲某个国家是风险社会，尽管那个国家的国内情况比其他国家更不安全。

二、应急管理“4R”模型理论

应急管理“4R”模型理论是指危机管理由减少（Reduction）、

预备（Readiness）、反应（Response）、恢复（Recovery）四个阶段组成，如图 1-1 所示。

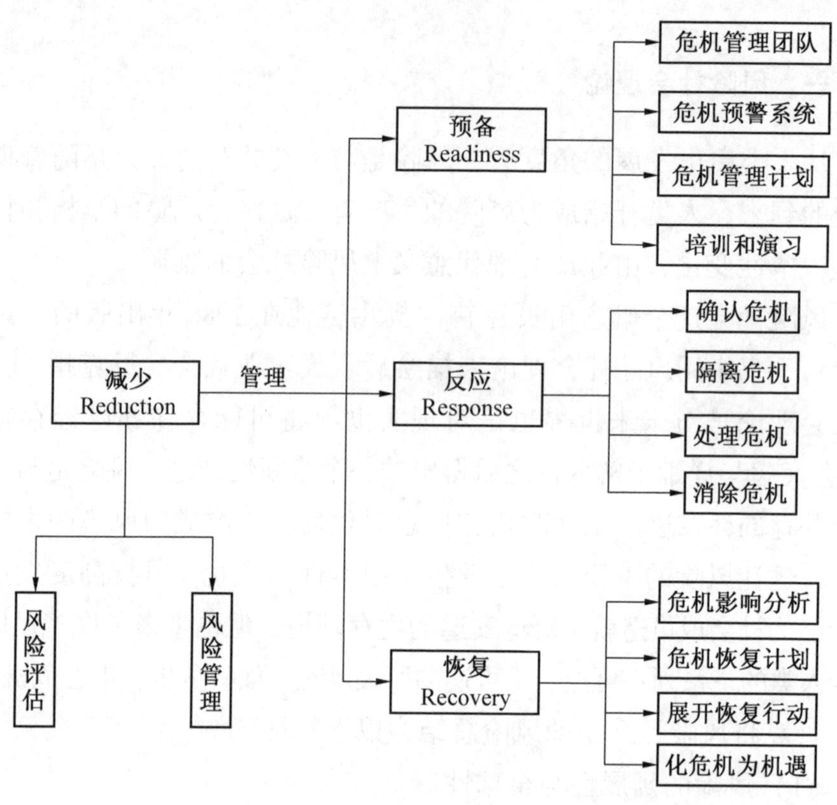

图 1-1　应急管理“4R”模型

应急管理“4R”模型是一种基于过程关键环节的循环管理模式，由美国危机管理专家罗伯特·希斯（Robert Heath）在《危机管理》一书中率先提出，四个阶段之间具有紧密的逻辑关系。首先，减少是应急管理与防范应对的基本策略；其次，在最大限度减少残余危机后需要对其应急工作开展相应准备；再次，当突发事件发生时进行科学、及时、有效的反应与处置，将损失程度尽可能控制到最小；最后，当突发事件结束后需开展相应的恢复措施从而修复或消除事件带来的损害。

政府、社会和企业管理者需要主动将危机工作任务按“4R”模型划分为四类。

(1) 尽力减少危机情境的攻击力和影响力，深化风险防控，如进行预先的风险辨识、风险评估、风险预防控。

(2) 做好处理危机情况的准备，固化应急能力，如进行危机预警、危机培训、预案演练等。

(3) 尽力应对已发生的危机，优化救援行动，如在事件响应中进行启动预案、影响分析、严重度控制等。

(4) 力求从危机中恢复，强化事后处置，如进行后果影响分析、恢复计划、恢复建设等。

三、应急管理生命周期理论

应急管理生命周期理论是从突发事件的事前、事中、事后的时间范畴进行针对性的阶段划分方式。应急管理各阶段主要任务主要包括以下内容，如图 1-2 所示。

(1) 预警及准备阶段。在这一时期危机尚未发生，但可能导致危机的因素已经存在，积极采取措施可以有效预防和避免危机的发生。

(2) 识别危机阶段。诱发危机的各种风险因素已经积累到一定程度，危机随时可能会因为某一特定事件“点燃”而爆发，在这一阶段监测系统或信息监测处理系统是否能够辨识出危机潜伏期的各种症状是识别危机的关键。

(3) 隔离危机阶段。危机剧烈爆发后，产生持续的不良影响，要求应急管理组织有效控制突发事态的蔓延，防止事态进一步升级。及时有效地采取危机应对措施可以大大缩短危机持续时间，降低危机带来的损失和影响。

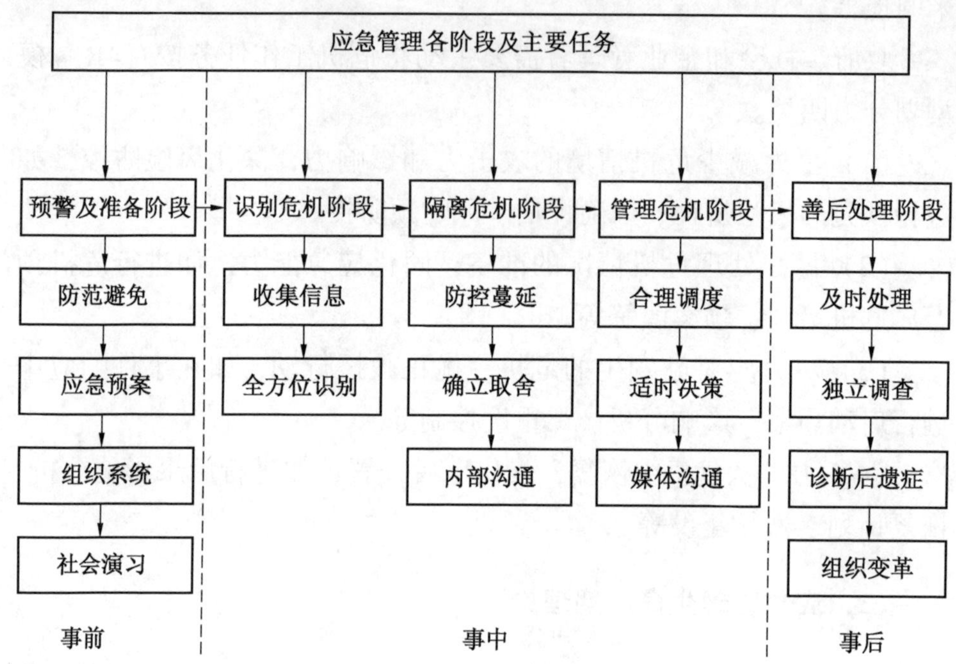

图 1-2 应急管理各阶段及主要任务

（4）管理危机阶段。要求采取适当的决策模式并进行有效的媒体沟通，稳定事态，处理好危机的后遗症，防止紧急状态再度引爆和再次升级。

（5）善后处理阶段。要求在危机管理阶段结束后，从危机处理过程中总结分析经验教训，提出改进意见。

根据事故应急管理生命周期理论，组织或单位应该在突发事件发生之前，进行应急的充分合理准备工作和事件监测预警。当突发事件发生后，首先要进行科学的事件及其风险识别与评估，然后根据事件的各种表现形式及特征对事件产生的各种影响进行分析整理，对事件未来的发展趋势进行预测，并根据分析的结果对突发事件进行分类分级，启动应急管理系统进行程序化处理；政府及相关部门根据已获取的突发事件信息进行有效反应，通过对事件的分析和对核心问题的重点应对，采取包括调动应急物资以及紧急救援设备、相关人力资源等一系列应急资源以实现救援的连续性、实时性、动态性和高效性。突发事件结束后，需对事件遗留问题进行妥善及时的处理，并对事件进行系统的调查与研究，为同类事件的预防控制与应急救援提供合理的优化对策。

第三节　应急管理法律法规

一、企业应急管理法规体系

党的十八大以来，企业应急管理相关的法律法规不断完善，整个企业应急管理法律体系以《中华人民共和国宪法》（含紧急状态的法律法规）为依据，以《中华人民共和国突发事件应对法》为核心，以相关单项法律法规为配套，应急管理工作逐步走上了规范化、法制化的轨道。一些应急管理相关的法律法规中的部分条款、有关国际公约和协定、突发事件应急预案有力地补充了我国企业的应急管理法律法规体系。各地方人民政府和企业据此颁布了适用于本区域的地方性法规、地方规章和法规性文件，逐步形成了一个以《中华人民共和国突发事件应对法》为核心的应急管理法律体系。

在企业、事业单位中，按照“谁主管、谁负责”和“属地管理”原则，企业单位的主要责任是结合日常的治安保卫工作，加强风险与危机意识，积极做好事故预防和风险源排查工作，早发现、早调控、早处置，防患于未然；加强单位内部重点部位的保护，对内部安全事故及其他突发事件积极处置；依法参与突发事件报告和救援；制定完善本单位应急预案；在政府统一领导下，加强与周边单位及有关部门治安联防和应急管理工作。

二、国家有关应急管理重要法规

2003年以前，我国的应急管理法律体系呈现分散化。其中，2003年5月颁布的《突发公共卫生事件应急条例》，标志着我国公共卫生应急处理工作进入法制化轨道。随后，我国的应急管理体系框架开始逐步建立和完善，这个框架的建成以《中华人民共和国突发事件应对法》出台为标志，这是我国第一部应对各类突发事件的综合性法律。截至2019年，我国已相继制定的应急法律法规、规章、文件数百件。基本制定了以《中华人民共和国宪法》为依据，以《中华人民共和国突发事件应对法》为核心，以相关单项法律为配套的应急管理法律体系。

（一）应急管理法律、行政法规和文件概述

《中华人民共和国突发事件应对法》是为了预防和减少突发事件的发生，控制、减轻和消除突发事件引起的严重社会危害，规范突发事件应对活动，保护人民生命财产安全，维护国家安全、公共安全、环境安全和社会秩序而制定的。突发事件的预防与应急准备、监测与预警、应急处置与救援、事后恢复与重建等应对活动，适用本法。

《中华人民共和国安全生产法》第二十五条规定，生产经营单位应当对从业人员进行安全生产教育和培训，保证从业人员具备必要的安全生产知识，熟悉有关的安全生产规章制度和安全操作规程，掌握本岗位的安全操作技能，了解事故应急处理措施，知悉自身在安全生产方面的权利和义务。未经安全生产教育和培训合格的从业人员，不得上岗作业。生产经营单位应当建立安全生产教育和培训档案，如实记录安全生产教育和培训的时间、内容、参加人员以及考核结果等情况。国家应急管理相关法律还有《中华人民共和国职业病防治法》《中华人民共和国消防法》《中华人民共和国矿山安全法》《中华人民

共和国特种设备安全法》《中华人民共和国建筑法》等。

行政法规《生产安全事故报告和调查处理条例》适用于生产经营活动中发生的造成人身伤亡或者直接经济损失的生产安全事故的报告和调查处理，目的是规范生产安全事故的报告和调查处理，落实生产安全事故责任追究制度，防止和减少生产安全事故。

国务院应急管理相关文件有《国务院安委会关于贯彻落实国务院通知精神　进一步加强安全生产应急救援体系建设的实施意见》《国务院关于进一步加强企业安全生产工作的通知》《国务院办公厅关于认真贯彻实施突发事件应对法的通知》《国务院关于进一步加强安全生产工作的决定》《国务院关于全面加强应急管理工作的意见》等。

国家总体和专项预案有《国家突发公共事件总体应急预案》《国家安全生产事故灾难应急预案》《危险化学品事故灾难应急预案》《矿山事故灾难应急预案》《国家海上搜救应急预案》等。

(二)《生产安全事故应急条例》简介

2019 年 3 月 1 日，国务院公布《生产安全事故应急条例》(以下简称《条例》）并于 2019 年 4 月 1 日起施行。《条例》第十五条明确规定，生产经营单位应当对从业人员进行应急教育和培训，保证从业人员具备必要的应急知识，掌握风险防范技能和事故应急措施。当前，强化生产经营单位从业人员的应急教育和培训，既是法律要求，更是加强应急准备、处置救援能力建设的基础。

为加强应急能力，使全体职工掌握必要的应急措施，减少或杜绝应急事故发生时造成的人身伤害，提高抢险救援的意识和能力，最大限度地减少财产损失，企业应以班组为单位对工人进行应急知识、应急技能的培训。培训的主要内容有：

（1）有关应急救援的法律法规和规章，本单位应急救援相关管理制度和安全操作规程。

（2）本单位、本岗位作业风险和应急措施。

（3）危险源和隐患辨识方法。

（4）有关应急设施的性能、应急器材的使用方法。

（5）生产安全事故专项应急预案和现场处置方案。

（6）个人防护器具的使用方法和安全防护措施。

（7）异常情况的鉴别方法、紧急处置技术要求和程序。

（8）紧急逃生疏散路线。

（9）突发事件处置过程的自救、互救知识。

（10）应急通信联络方法。

（11）事故报告流程。

（12）典型事故案例。

《国务院安委会关于进一步加强生产安全事故应急处置工作的通知》明确要求，要建立健全一线从业人员应急培训档案，详细、准确记录培训及考核情况，实行企业与员工双向盖章、签字管理，严禁形式主义和弄虚作假。各班组应结合本班组生产一线实际情况，制订相应的月度培训计划，每个月的计划制订前，都要进行上下沟通与协调，落实每个月的学习内容和参学人员，同时应注重实效，开展形式多样的培训工作。

第四节　班组应急管理的作用与特点

一、班组应急工作的地位和作用

班组是企业中的基本作业单位，是企业内部最基层的劳动和管理组织，是生产经营任务的直接完成者，也是应急管理的第一道关卡。企业应急管理中的一系列安全措施、控制措施，都要依靠班组长组织员工具体落实，应急响应和救援的警铃通常也需要班组成员来敲响。

因此，能否将应急管理有效地深入到班组安全建设，是大幅度降低伤亡事故，实现安全生产的关键。

在企业，绝大部分事故发生在班组。班组长作为班组的领导者，对控制事故发生及减少事故造成的人员伤亡和财产损失起着非常重要的作用。如果班组长应急管理意识和能力不强，班组的应急管理工作不到位，事故发生时手忙脚乱，组织不力也会严重影响应急响应及抢险救援工作的展开。班组应急工作的地位及作用可概括为以下几点：

（1）班组是企业最基本作业单位，具有保证企业应急管理目标实现的作用。

（2）班组是预防和处置突发事件的第一线，具有减少事故发生和控制事故发展的作用。

（3）班组是企业内部最基层的管理组织，具有落实企业应急管理措施和规定的作用。

（4）班组是企业应急管理的基地，具有团结和稳定职工的凝聚作用。

二、班组应急管理工作的重要性和特点

（一）班组应急管理工作的重要性

班组是企业安全生产的基础。只有做好班组的应急工作，整个企业的应急管理工作才有保证。因此做好班组应急管理工作具有十分重要的意义，是企业应急管理的关键。

1. 班组是落实应急管理措施和规定的基础

班组处于生产第一线、管理第一道岗，企业的应急管理措施、规定、制度都要在班组具体贯彻落实，在班组见到效果。班组的应急管理是企业应急管理决策的直接执行者，生产一线班组的应急管理能力直接体现了企业的应急管理水平。只有把班组的应急管理工作做好，

才能保证应急管理措施、制度的贯彻实施，做到平时重预防，事发少损失。

2. 班组是预防事故发生的前线

造成事故的原因主要有四个方面：一是人的不安全行为，二是物的不安全状态，三是管理上的缺陷，四是环境上的原因。班组成员作为生产的直接参与者，由于种种不安全意识（即事故隐匿形式）的支配产生种种不安全行为，同时又由于生产设备和生产环境有潜在的危险因素，未能及时发现和处理，将成为事故的第一接触者。因此，这些隐患的第一发现者应当是工人及其所在的班组。如果把住班组安全管理这一关，则绝大部分事故隐患可以在班组发现和消除。

3. 班组是控制事故进一步发展的前沿阵地

由于人在班组，机器设备在班组，生产活动在班组，因此，绝大部分事故都发生在班组。如果把班组的应急管理做好，当事故不可避免地发生时，常常作为事故第一主体的班组员工能够迅速采取科学有效的应急措施，及时上报，对控制事故发展，应急抢险救援，减少人员伤亡和财产损失具有非常重要的作用。通过处于生产一线的班组员工的应急响应，能够将事故损失控制在尽量小的范围内。

（二）班组应急管理工作的特点

贯彻“居安思危，预防为主”的方针，做好班组应急管理工作，必须认识班组应急管理工作的特点，归纳起来有以下几个方面。

1. 预防性

预防在应急管理中有着重要的地位，是指班组要把应急管理工作做到发生事故之前，最理想的境界是少发生、不发生事故，以及在不得已发生了事故的情况下，做到有力、有序、有效地处置。

2. 针对性

各班组在参考企业应急管理工作的总体框架下，应注意紧密结合本班组作业活动，注意应急管理的针对性和实用性，特别是对某些危害大、易发生的突发事件要制定有针对性的预案。

3. 有效性

针对班组应急管理的各种简单实用的举措，对预防事故发生和提高事后的紧急处置能力都能起到立竿见影的效果。

4. 长期性

只要有生产活动，就会有发生事故的可能性。因此，只要有班组生产活动还在进行，就应该做好应急管理工作，时时刻刻不能放松警惕，做到“居安思危”“未雨绸缪”。

三、班组应急管理工作的基本内容

（一）班组应急管理目标

班组的根本任务是贯彻执行“安全第一、预防为主、综合治理”的方针，认真执行劳动、安全法律法规和制度，按时、保质、保量、安全地完成各项生产任务。班组在生产劳动过程中应始终把安全工作放在首位，实行目标管理。班组的应急管理目标主要有：

（1）尽可能地防止事故的发生，实现本质安全。

（2）在假定事故必然发生的前提下，尽可能降低或减缓事故的影响或后果严重程度。

上述应急管理目标的实现，需要班组不断加强自身建设，建立健全以班组为单位的应急管理组织体系，开展经常性、多样化的应急知识教育和技能培训，使职工熟练地掌握本岗位的安全操作技术及应急措施，不断提高安全意识和自救互救能力以及处理突发性事故的能力；需要充分发挥班组长、工会、团组织和安全员在班组应急管理工作中的作用；需要班组每一个成员严格执行安全生产规章制度和安全操作规程，确保不发生违章、不发生错误，努力做到“四不伤害”（不伤害自己，不伤害他人，不被他人伤害以及保护他人不受到伤害）。

（二）班组应急管理的基本内容

尽管重大事故的发生具有突发性和偶然性，但重大事故的应急管理不只限于事故发生后的应急处置及抢险救援行动。应急管理是对重大事故的全过程管理，贯穿于事故发生前、中、后的各个过程，充分体现了“预防为主、常备不懈”的应急思想。应急管理是一个动态过程，包括预防、准备、响应和恢复四个阶段。在班组的应急管理工作中，这些阶段往往是交叉的，每一阶段都有自己明确的目标，而且每一阶段又是构筑在前一阶段的基础之上。因而，预防、准备、响应和恢复的相互关联，构成了重大事故班组应急管理的循环过程。

1. 事故预防

1）班组安全教育

企业三级安全教育中第三级安全教育就是班组安全教育。班组安全教育的主要内容是讲解作业项目的安全操作规范，个体防护用品的正常使用，讲解岗位特点、危险因素、危险区域及预防事故的方法。班组安全教育不仅能让新员工提高操作技能和应变能力，还能让调换工作、更换新设备、采用新工艺后的操作工人迅速熟悉陌生的作业环境，减少事故发生。

2）作业危害辨识

在班组中开展作业危害辨识与风险评估，对于及时发现生产活动中的危险因素，消除事故隐患可起到积极作用。根据《生产过程危险和有害因素分类与代码》（GB/T 13861—2009），将生产中的危险和有害因素分为四大类，见表 1-1。

将这些作业场所中存在的危险有害因素辨识出来，能够针对性地采取一定的措施消除或者控制事故发生的条件，而且也能够对班组职工进行专项教育，让职工充分了解生产活动中的危害因素，提高员工的警惕性以及安全意识。

表 1-1　生产过程中的危险和有害因素分类

因素大类	因素中类	因素小类
人的因素	心理、生理性危险有害因素	负荷超限； 健康状况异常； 从事禁忌作业； 心理异常； 辨识功能缺陷； 其他心理、生理性危险
	行为性危险有害因素	指挥错误； 操作错误； 监护失误； 其他行为性危险和有害因素
物的因素	物理性危险有害因素	设备、设施缺陷； 防护缺陷； 电危害； 噪声危害； 振动危害； 电磁辐射； 运动物危害； 明火； 能够造成灼伤的高温物体； 能够造成冻伤的低温物体； 粉尘与气溶胶； 作业环境不良； 信号缺陷； 标志缺陷； 其他物理危险有害因素
	化学性危险有害因素	易燃易爆性物质； 自燃性物质； 有毒物质； 腐蚀性物质； 其他化学性危险和有害因素

表1-1（续）

因素大类	因素中类	因素小类
物的因素	生物性危险有害因素	致病微生物； 传染病媒介物； 致害动物； 致害植物； 其他生物性危险和有害因素
环境因素		室内作业场所环境不良； 室外作业场所环境不良； 地下（含水下）作业环境不良； 其他作业环境不良
管理因素		职业安全卫生组织机构不健全； 职业安全卫生责任未落实； 职业安全卫生管理规章制度不完善； 职业安全投入不足； 职业健康管理不完善； 其他管理因素缺陷

3）监测与预警

突发事件的监测与预警主要是通过设立各种监测网点的方式，根据突发事件的性质和种类，长期、连续地收集、核对、分析监测目标的动态分布，对可能引起突发事件的各种因素和发生前的各种征兆进行观察、捕捉和上报，并通过逻辑推理和科学预测的方法和技术，对突发事件未来发展趋势和演变规律作出推断，并发出准确的警示信息，使相关部门和人员提前了解事态发展动态，以便及时采取应对措施、减少或消除不利后果的一系列活动。监测与预警的工作原则及要求主要有以下几点：

（1）时效性。实行事故监测及预警的出发点是“居安思危”，即事故还在孕育和萌芽的时期，就能够通过细致的观察和研究，防微杜渐，提早做好各种防范的准备。同时，由于事态演变过程具有高度的不确定性，从突发事件发生的征兆到全面爆发可能在很短的事件内完成，因此系统任何一个环节都必须建立在“快速”的基础上，若失去了时效性，则一切都失去了意义。

（2）准确性。预警不仅要求快速搜集和处理信息，更重要的是要对复杂多变的信息尽可能作出准确判断，这关系到整个应急管理的成败。要在短时间内对复杂信息作出正确判断，必须事先针对各类突发事件制定出科学、实用的信息判断标准和确认程序，并严格按照制定的标准和程序进行判断，减小信息判断及其过程的随意性。

（3）动态性。由于预警和信息采集的时空特性和突发事件本身的动态性，使某一时刻发布的预警仅针对某点当时的研判结果。然而突发事件是在不断变化的，因此，预警信息必须根据动态研判进行相应的调整。

（4）全面性。预警就是要对生产活动的各个领域进行全面监测，及时发现异常情况，尽最大努力保证人身、财产的安全，这是建立预警机制的宗旨。全面性原则主要体现在监测、识别、判断、评价和对策预警操作系统方面。

4）班组安全标准化

班组安全标准化就是将班组的作业程序固定下来，能够让班组成员知道怎样做是正确的。比如工作中岗位作业的安全标准，就是使每个单元作业都有作业程序，有动作标准。先干什么，后干什么，怎样取送工件，怎么操作设备，甚至手脚动作和身体姿势都有具体的要求。同时标准程序越简单易懂，越能达到安全、准确、高效的作业效果。在开展生产作业活动之前和作业活动结束之后也可制定出标准程序。

工作前：一讲二查。一讲是指班组长或安全员进行安全讲话、召开工作前会议，讲安全注意事项。二查是指查职工是否正确穿戴防护用品，查工作场所、机械设备、工作器具有无危险因素。

工作后：四做到。做到工作现场清洁，做到工具物料摆放整齐，做到设备擦洗干净，做到认真填写交接班记录。

2. 应急准备

应急准备是应急管理过程中一个极其关键的过程，它是针对可能发生的事故，为迅速有效开展应急行动而预先所作的各种准备，其目标是保持重大事故应急响应所需的应急能力。在这个阶段，班组的工作内容主要是做好应急演练，同时也应该注意以下几点：

（1）落实责任，时刻保持应急状态。

（2）熟悉应急预案，熟悉各类事故的应急处置要求。

（3）进行应急设备（设施）、物资的准备和维护。

（4）与外部应急力量衔接，加强各应急组织之间、人员之间的交流沟通、协调合作。

（5）通过应急演练不断完善应急预案的科学性和可行性。

3. 应急响应

应急响应是在事故即将发生或发生期间采取的挽救生命和财产、稳定和控制事态的一系列行动。其目标是尽可能地控制并消除事故，减少人员伤亡和财产损失。当班组发生事故后，应做好以下几件工作：

（1）报告。工伤事故发生后，负伤者或者事故现场有关人员应当立即直接或者逐级报告企业负责人。

（2）抢救。在报告的同时，要立即组织力量抢救负伤人员和财产，防止事故扩大。

（3）保护现场。未经上报有关部门同意，不准拆除或破坏现场。

（4）协助调查、分析。积极协助上级有关部门进行调查，如实反映事故真相，同时要总结教训，制定改进措施。

4. 应急恢复

应急恢复是指突发事件的影响得到初步控制后，为使生产、工作、生活和生态环境尽快恢复到正常状态而采取的一系列措施与行动，包括短期恢复和长期恢复。应急恢复主要包括以下几方面：

（1）人员救治。组织人员自救，并积极配合政府部门的救助行动。

（2）环境恢复。对于有害物质泄漏的突发事件，应处理与回收对环境造成污染的泄漏物。

（3）基础设施恢复。协助政府修复与企业相关的基础设施（供水、供电、交通、通信等设施与服务）。

（4）生产恢复。修复损坏设备设施，恢复生产。

第五节 班组长应急管理职责

班组长作为企业最基层组织的一把手，是班组应急管理的第一责任人，对班组人员的安全负责，对企业负责。班组长的主要应急管理职责有以下几点：

（1）对班组应急管理负全面责任。班组长是班组应急管理的直接指挥和组织者，要让班组成员严格按照安全生产规章制度和安全操作流程进行生产工作，消除事故隐患，减少突发事件发生的概率。

（2）组织应急知识、能力和技能培训。班组长要负责组织全体班组人员进行企业、车间各类应急预案的学习，熟悉逃生路线、紧急集合地点，牢记报警电话，学习急救方法，使班组人员具备一定的自救、互救能力。

（3）组织应急演练。定期组织班组人员进行救人、逃生、报警等演练，不让应急知识培训流于形式，并对演练的效果进行评价，根据企业/车间的实际情况进行改进。

（4）及时上报。当较重大的突发事件发生时，车间班组往往没有足够的能力进行处置，此时班组长应及时上报，为应急救援争取宝贵时间，以减少突发事件的影响。

（5）积极配合救援行动。班组长要及时掌握班组人员的安全情况，配合救援人员组织班组人员进行逃生和救援，及时清点人数并上报。

第六节 班组长应急工作基本能力

班组长是一线指挥官，在事故发生时，整个班组人员都以班组长的命令为准，要做好应急管理工作，班组长必须具备以下应急基本能力：

（1）较高的专业技术素质。班组长只有熟练掌握班组各个工种（岗位）的工作流程和操作技术，才能科学精准指导班组成员进行生产活动，及时辨别事故隐患，对设备隐患有预测，做到防患于未然，贯彻落实“预防为主”的安全方针。

（2）强烈的安全意识。在日常的管理工作中时刻保持警惕，对班组中可能发生或导致事故的因素要有前瞻性和预见性，对职工作出明确的提醒并布置防范措施，对一切事故隐患不错过、不放过，才能有效控制各类事故的发生。

（3）应急处置能力。在遇到突发事件时，班组人员往往会惊慌失措，此时班组长就必须有应急处置能力和过硬的心理素质，才能沉着冷静、快速组织人员有序、安全撤离，同时采取正确有效的应急措施，如及时上报和报警等。

（4）组织自救互救能力。身为班组领导的班组长必须具备较强的自救互救能力和组织自救互救的能力，在发生事故的时候，进行及时有效的抢救措施，可以减少不懂自救、不懂互救以及盲目施救导致的伤亡。

第二章　班组应急文化建设与管理

第一节　班组应急文化建设的重要性

（一）应急文化的意义

应急文化是指人们在应急实践中形成的应急意识和价值观、应急行为规范以及外化的行为表现等。应急文化对群体中人们的应急行为起着持续的影响甚至决定作用。应急文化所作用的群体可以是一个国家或者一个民族、社区、企业、单位、班组、家庭等，这些都可认为是不同规模的组织。应急文化是组织文化的组成部分。积极有效的应急文化有利于人们主动防灾减灾、积极备灾救灾，从而减少灾害风险和降低突发事件损失。

社会风险理论认为，现代社会是一个高风险的社会，除了自然的、传统的风险之外，还有许多不可预测、难以预测的非传统风险在威胁人类社会，突发事件频发让社会运转和人们的生活都处在十分脆弱的高风险环境里。在应对这些天灾人祸的过程中需要建立一种基于风险的应急文化。人们对风险有了适度的认知，并时刻保持适度的危机意识，才能有效地应对各种突发事件，避免因为过度的恐惧和慌张造成更严重的不必要的伤害，错失救援良机。近年来，企业事故频发，造成了生命和财产的巨大损失。在突发事件前后，企业的应急处置能力和职工的预防、自救、互救、意识和能力等方面，也反映出我国企业、职工的应急意识仍相对薄弱。对于班组成员而言，班组应急文化应该是一种通俗易懂的防灾避险、灾难应对、自救互助、救援博爱的安全文化。

（二）建设班组应急文化的重要性

应急文化是职工在突发事件过程中表现出来的应急意识、应急心理、应急价值观以及应急行为实践的综合反映，是班组应急管理的重要组成部分。创建企业应急文化的目的，就是要把应急管理提升到应急文化的高度，建立安全生产的长效机制，为企业的安全生产提供强有力的精神动力、思想保证和智力支持。

班组是企业最基层的生产组织，正因如此，各种设备事故、人身事故的发生均与班组人员有关。加强班组应急文化建设，做好企业的应急管理，是企业的一项重要基础工作。在突发事件时，作为生产第一负责人的班组长不可能同时负责多个工作面，提高每个班组成员的应急素质是安全生产中的一个重要问题。加强班组应急文化建设，首要问题就是要明确其重要性。

企业的应急文化建设离不开班组应急文化，班组应急文化是企业应急文化的“细胞”，班组应急文化建设的各个层面是企业应急文化的重要组成和必要补充，在企业应急文化建设中的作用举足轻重，是企业文化不可缺少的部分。搞好班组应急文化建设，能促进企业安全工作不断迈上新台阶，班组的应急管理成功与否，直接反映了企业应急管理的水平。同时，班组应急管理处在基层施工一线，扎实有效地搞好班组应急管理，对企业安全局势的稳定起到重要作用。

加强班组应急文化建设，才能科学有效地面对逐渐增大的社会风险，保护班组人员的生命健康，企业、社会才能持续、稳定发展。

（三）班组应急文化对安全生产的作用

1. 凝聚功能

当班组应急价值观和理念被员工认同后，它就会成为一种黏合剂，从各方面把员工团结起来，形成巨大的向心力和凝聚力，这就是应急文化力的凝聚功能。应急文化体现是以人为本、关爱生命的大众文化，是保护人的生命与安全与健康的文化。通过应急文化的思想、意识、情感和行为规范的潜移默化，显示出应急文化对大众安全与健康需求的特殊融合和统一，能够凝聚员工们的应急意识和思想。

2. 激励功能

文化力的激励功能，指的是文化力能使班组员工从内心产生一种情绪高昂、奋发进取的效应。通过发挥人的主动性、创造性、积极性、智慧能力，对人产生激励作用。通过应急文化建设，员工的应急行为和活动将会从被动、消极的状态，变成一种自觉、积极的行动，从而使班组有了正确的应急文化机制和强大的应急文化氛围，人的安全应急价值和人权得到最大限度的尊重和保护。

3. 规范功能

文化力对班组每个成员的思想和行为具有约束和规范作用。文化力的约束功能与传统的管理理论单纯强调制度的硬约束不同，它虽也有成文的硬制度约束，但更强调的是不成文的软约束。建设应急文化的重要意义是通过提高员工的应急文化素质，规范员工的应急行为。应急文化的宣传和教育，将会使员工加深对应急预案的正确理解和认识，从而对员工应对事故灾害的行为起到规范作用，形成自觉的、持久的行为约束性。

4. 动力功能

应急文化建设的目的之一，是树立正确的安全文明生产的思想、观念及行为准则，使员工在灵魂深处具有强烈的安全感和使命感，并产生巨大的工作推动力。心理学表明，越能认识行为的意义，行为的社会意义越明显，越能产生行为的推动力。倡导文化建设正是帮助员工认识应急文化乃至安全文化的意义，从“要我安全”转变为“我要安全”，进而发展到“我会安全”的能动过程。

5. 传播功能

通过应急文化的培训、教育、演练等手段，采用各种传统和现代的应急文化教育方式，对班组员工进行各种传统和现代的应急文化教育，包括各种应急常识、应急技能、应急态度、应急意识、应急法规等的教育，从而广泛宣传和传播应急文化知识和应急科学技术。

第二节　班组应急文化建设的内容

应急文化是组织、企业和社会防范与应对事故灾害的根本性因素，通过观念文化、制度文化、行为文化和物态文化等子文化来体现。在班组应急文化的建设工作中，必须把握好这四个层面的建设步骤，按照步骤逐步推进、逐步深入、依次递进，才能取得良好的建设效果。

一、班组应急观念文化

观念文化是应急文化体系中的灵魂和精髓，反映员工和班组对于事故灾害应对的价值认识。班组应急观念文化是指在班组应急管理过程中意识形态和精神层面的认知体系，包括员工个人的应急理念、意识、态度、思维方式等。班组员工最基本的应急观念应是“应在事中，急在事前”“隐患险于明火，防范胜于救灾”。

要建设班组应急观念文化，首要任务是提炼班组应急理念。从实践角度讲，应急理念最终要转化为员工的思想观念，牢固根植于思维深处，并以之指导工作习惯和职业行为。因此，应急理念的提炼必须坚持从员工中来的原则，即自始至终让班组员工高度参与，使班组员工成为应急理念提炼的主体，具体做法如下：

（1）通过在班组征集、召开座谈会、面谈、发放征求意见表、设立征求意见箱等形式让班组员工广泛参与。

（2）筛选、梳理收集到的员工意见和建议。

（3）公布整理后的应急理念，让班组员工评选最佳选项。

（4）公布班组员工评选出的最佳选项，并请员工发表补充意见和建议。

（5）在征求意见的基础上，经小组认可，最终确定适合企业的班组应急理念体系。

这样做一方面有助于总结和提炼符合班组实际的应急理念，另一方面员工参与的过程实际上是班组员工与公司领导层在应急理念上达成共识、对员工进行应急教育的过程，也有助于提高员工的主人翁意识。

二、班组应急制度文化

应急制度文化也称应急管理文化，属于组织文化的范畴，主要通过班组的应急管理模式、体制机制、制度体系来体现。

班组应急制度文化是班组在安全实践活动中构建的应急相关规范、准则、流程等的总和。班组应急制度文化建设要从建立应急法制观念、强化应急法制意识、端正应急法制态度，到科学制定应急标准、规范和准则及严格的应急执行程序和自觉的应急行为等方面作为。同时，应急制度文化建设还包括应急行政手段的改善和合理化、经济手段的建立与强化、科学手段的应用和施行等。

班组员工应当主动了解班组应急管理工作的重要性，掌握班组制定的各项应急管理制度等。企业员工应了解的应急法规主要包括《生产安全事故报告和调查处理条例》《工伤保险条例》《生产安全事故应急预案管理办法》等，同时应根据专业了解相关行业领域的行政法规，如《危险化学品安全管理条例》《建设工程安全生产管理条例》《电力安全事故应急处置和调查处理条例》《铁路交通事故应急救援和调查处理条例》等。

我国现行的应急管理相关国家标准和行业标准一共多达 800 多

项。班组员工应了解通用类应急管理标准，包括《生产经营单位生产安全事故应急预案编制导则》（GB/T 29639—2013）、《生产经营单位生产安全事故应急预案评估指南》（AQ/T 9011—2019）、《生产安全事故应急演练基本规范》（AQ/T 9007—2019）、《生产安全事故应急演练评估规范》（AQ/T 9009—2015）等，同时应根据自身工作领域和范畴了解行业相关的应急管理标准，如《噪声职业病危害风险管理指南》（WS/T 745—2016）、《危险化学品事故应急救援指挥导则》（AQ/T 3052—2015）、《煤矿安全监控系统及监测仪器使用管理规范》（AQ 1029—2019）等。

班组员工需要根据自身的专业领域范畴，主动了解相关的应急技术标准。例如，石油化工行业的应急技术标准，包括《陆上油气管道建设项目安全评价导则》（AQ/T 3057—2019）、《陆上油气管道建设项目安全验收评价导则》（AQ/T 9056—2019）、《陆上油气管道建设项目安全设施设计导则》（AQ/T 3055—2019）、《地质勘查安全防护与应急救生用品（用具）技术规范》（AQ/T 2071—2019）等；保险行业的应急技术标准，《安全生产责任保险事故预防技术规范》（AQ 9010—2019）；煤矿行业的标准，包括《金属非金属矿山在用设备设施安全检测检验目录》（AQ/T 2075—2019）、《金属非金属矿山在用设备设施安全检测检验报告通用要求》（AQ/T 2074—2019）、《金属非金属矿山在用电力绝缘安全工器具电气试验规范》（AQ/T 2072—2019）、《金属非金属矿山在用高压开关设备电气安全检测检验规范》（AQ/T 2073—2019）、《煤矿安全监控系统通用技术要求》（AQ 6201—2019）、《矿用电梯安全技术要求》（AQ 2069—2019）、《金属非金属地下矿山无轨运人车辆安全技术要求》（AQ 2070—2019）等。

三、班组应急行为文化

班组应急行为文化是在其应急观念文化作用下的表现或外化。员工的应急观念或价值理性决定其行为理性。

班组应急行为文化是员工个人在长期的社会生产、生活的应急管理实践活动过程中积淀下来的事故灾害认知、生命心理认知、安全思维和态度，形成习惯的、自然的应急行为方式和事故灾害应对方式等行为表现或方式的总和。班组应急行为文化，一方面作用并决定了班组的制度文化及物态文化，另一方面也受班组的制度文化和物态环境文化影响。班组应急行为文化要以应急理念为基础，在应对突发事件时，必须要按照相关准则进行，其行为要符合应急原则。

班组应急行为文化建设要高度重视全员参与，提升员工应急行为的自觉性和自律性。班组应急行为文化建设主要有以下几个阶段：第一阶段，粗放松散型应急管控阶段（无规则阶段）；第二阶段，强制被动执行阶段（要我应急、要我遵章守纪阶段）；第三阶段，依赖引领阶段（我要应急、我要遵章守纪阶段）；第四阶段，自我应急管控阶段（能应急、会应急阶段）；第五阶段，应急行为养成阶段（应急文化形成阶段）。通过阶段性建设，建立一套班组员工广泛认知和接受的应急行为文化体系，使员工的应急行为由要我应急转为我要应急、我会应急，最后达到良好应急行为养成，切实营造班组“自律自控”和“依法依规”高度自觉的良好氛围，切实改变传统、落后的强制性、外力性的应急管理局面。

四、班组应急物态文化

应急物态文化是应急文化建设的载体和发展基础，它是应急观念文化、应急行为文化、应急制度文化的物表现。

班组应急物态文化是指员工现场可以观察到的应急标识符号、应急预案文本、应急体验场所、应急培训演练设施、应急宣传教育材料及应急宣传、纪念、教育、演练活动。班组应急物态文化主要体现在以下几个方面：一是应急管理氛围和可视化环境，即醒目的标识、良好管理氛围、各种载体的可视化环境等；二是应急物质储备和预备的充分性和科学性以及配置安装场地的合理性适用性；三是技术系统和生产系统的应急技术、应急功能和能力配备；四是生产过程和作业岗位对事故灾害的监测、报警能力；五是事故灾害发生时逃生通道和救援器材的实用和可及等方面。

班组应急物态文化建设要按照事前预防固有风险的原则，研究设备设施风险管控、工艺系统风险管控和环境风险管控，使其固有风险由不可控逐步达到可控受控状态；按照科学施救、严控盲目施救的原则，完善应急预案体系与定期演练机制，完善应急公共设施、应急装置、应急救援基地与联动机制，合理配置应急装备、救援器材和物资供应保障。

五、班组员工应培养的应急意识

员工应培养“应在事中，急在事前”的应急意识。

“应在事中”，强调的是非常态下的应急响应意识，即员工在突发事件发生时要做到积极响应，在分工负责和多部门配合的基础上，做好临场综合协调。员工的反应能力和响应效率对控制事态发展有着至关重要的作用。

“急在事前”，强调的是常态下的预防和应急准备意识，即员工在突发事件发生前要具备预防为主的意识，如主动学习突发事件应急预案、了解应急处置的相关知识、积极配合相关部门做好应急物品储备等。应急准备是全面提高应急管理水平的基础性工作，是落实应急管理工作的重要抓手。员工具备良好的预防和应急准备意识，有利于企业增强应急管理工作的预见性和主动性。

六、班组员工应培养的应急观念

员工是企业安全生产的主体，同时也是企业安全生产的直接受益者。因此，员工应树立应对突发事件的理性意识、正确观念和科学认知，以观念导向行为，不断提升企业整体的应急能力和应急素质。

员工应培养的应急观念主要包括："宁可千日无灾，不可一日不防"的应急认知，"生命健康最大化，经济损害最小化"的应急价值观，"居安思危，思则有备，有备无患"的应急预防观，"万物之中，以人为重，一份希望，百分努力，先复苏、后搬运，先固定、后移动，先止血、后行动"的应急救援观，"没有生命就没有一切"的应急生命观，"两害相权取其轻，保住生命就保住了一切"的应急处置准则。

第三节　班组应急培训的开展

应急培训是应急工作中的重要环节之一，是应急人员掌握应急预案的有效途径。以班组为单位开展应急培训，不仅能提高班组人员应急意识和应急能力，还能及时发现应急工作中的薄弱环节，以便及时改进和提高。

班组进行应急培训的目的是通过对班组员工进行应急培训，让班组员工掌握应急基本程序，增强应对突发事件的意识，提高有效防范和处置突发事件的能力，在处理班组突发事件时，能够利用这些知识指导自己的应急行动，使突发事件得到有效控制，减少事故可能造成的人员伤亡和财产损失。

一、班组应急培训要求

根据我国相关法律法规的规定和国务院安委会及应急管理部等部门的要求，对班组应急培训可以总结出以下几项要点：

(1) 要做到全员覆盖。生产经营单位应当对每一个进入企业的从业人员进行应急培训，实现"一个都不能少"的目标，培训合格后方能上岗。

（2）建立健全培训制度，严格考核。应建立一套完整、科学的培训及考核体系，严禁形式主义和虚假主义，严禁考核代答、培训代签等行为。

（3）建立应急培训档案。详细、准确记录每个员工培训及考核情况，实行企业与员工双向盖章、签字管理。

（4）培训内容科学合理、全面。应急培训要突出针对性，要围绕应急报警和应急救援等问题展开，重点解决报警、救援的方式等问题；对企业人员进行适当分类，在进行应急培训时，有所侧重地针对岗位、职务等进行培训，如对管理层领导应侧重于应急预案等的学习，对一线员工则侧重初期处置能力和紧急避险能力培训。

（5）培训知识有所侧重。不同季节应急工作的重点也会有所不同。结合当时季节和气候特点开展应急知识培训，确保班组员工能够及时掌握所需应急知识。如春季干燥防火、夏季炎热防中暑、冬季严寒防凝冻等。

（6）应急培训需反复。在开展应急培训后，员工掌握应急知识和技能的程度会有所不同。即使是同一车间的员工，也会出现有的人掌握得好、有的人掌握得差的现象。而且随着时间的推移，掌握的知识会渐渐遗忘。因此，需要不断进行应急教育培训，加强印象。应急培训需要长期坚持和反复宣传。

二、班组应急培训形式

班组应急培训是企业应急工作的重点，也是难点。想要取得好的效果，必须采取多种形式。单一的教学方法已经略显陈旧，既不利于员工的学习积极性，也不利于应急知识和技术知识的更新。班组应急培训的方法可以根据班组现有的条件灵活选择，不断创新。班组应急培训可采取的形式有以下几种：

（1）授课讲解法。这是开展应急培训最常用的方法，利用培训班、班前班后会等时间，组织员工学习应急知识，并通过考试以检验培训效果。这种培训方式可以组织班组员工系统得学习各类知识，同培训教师面对面地交流问题，促进对应急知识的掌握。但这种方法的效果与授课人的水平以及班组员工学习的态度有很大关系，要坚决克服一成不变的照本宣科，力求内容和形式的鲜活性，以丰富多彩的形式，激发员工主动参与的热情，活跃教育培训气氛，增强教育培训的客观效果。

（2）研讨法。通过专题讨论，使大家在相互启发中思想得到统一，认识得到提高，缺点得到纠正，应急知识得到充实。

（3）读书指导法。通过发放宣传书籍、传单、挂图等，对广大的班组成员进行基本应急知识宣传，并予以适当的指导，扩充员工应急知识面。

（4）竞赛答题法。通过定期开展个人赛、师徒结伴赛、团体赛等多种形式的竞赛，增强应急培训的趣味性，提高班组员工学习应急知识的兴趣，起到全面宣传应急知识的作用。

（5）演讲法。通过让班组员工上台发表演讲，聆听同事演讲，让员工感到亲切、自然，产生共鸣，由此利于教学相长，共同进步，自己写演讲稿本身就是一个很好的自我教育过程。

（6）观看法。充分享受信息化带来的便利，利用多媒体、网络交流平台等多种方式，组织员工观看一些应急知识教育宣传片，通过反面典型案例警醒员工，或通过正面典型案例教育员工，从中吸取经验教训。也可在网络交流平台上发布应急知识，让员工可以在零碎的时间里多学习一些知识。

（7）实际操作演练法。在讲解一些应急装备使用内容时，让班组员工实际操作，掌握使用技巧；在讲解一些突发事件急救技巧时，让员工当场演示等，眼看、手练，加深员工的印象，提高实际操作能力。

三、应急培训基本内容

应急培训是指对参与应急行动所有相关人员进行培训，要求人员了解和掌握如何识别危险、如何采取必要的应急措施、如何启动紧急报警系统、如何安全疏散人群等基本操作，加强常见事故处置操作的有关训练。具体内容如下。

（1）学习企业应急预案等相关规定。加强员工对企业应急预案、相关制度等的学习，使员工了解在什么情况下该采取怎样的措施，提高应急意识。

（2）识别危险。应急培训应当使员工熟悉工作环境中的危险因素及危险性，在事故征兆出现时，及时识别危险，遏制事故发生。

（3）掌握报警方法。使员工了解并掌握如何利用身边的工具报警，如何正确报警，如何使用车间、岗位的紧急报警装置通知其他员工。

（4）熟悉疏散路线。为了避免事故中不必要的人员伤亡，应急培训应该使员工熟悉工作环境的紧急疏散路线及安全区域，掌握如何在紧急情况下安全、有序疏散。

（5）提升应急处置能力。应急培训应该提升员工在事故初期的应急处置能力，如熟练掌握灭火器、消火栓等灭火器材。

（6）提高自救互救能力。应急培训应当让员工掌握一定的急救技巧，在发生人员受伤的情况下，正确、科学地进行自救或互救，减少因不懂急救、盲目施救造成的不必要后果。

（7）开展应急演练。应急知识培训后还要外化为行动，才能加深所学知识，提高员工应急能力。

四、应急培训内容选取原则

应急培训内容的选取与培训效果有很大关系。在开展班组应急培训之初，首先要针对培训的对象、目的，选择好培训的内容，以保证培训达到预期的效果。在选择应急培训内容时，应遵循以下原则。

（1）实用性原则。在对班组员工进行应急知识培训时，应针对不同的内容有所侧重，如需要员工牢记的知识，就要重点讲解并进行考核；只需要了解的知识，简单介绍即可。总之，就是侧重知识的实用性，不能不分主次地要求员工一味“全盘接收”，使员工感到内容太多无法全部掌握，进而影响培训效果。

（2）通俗性原则。培训内容要通俗易懂，尽量不要使用过于专业的语言，造成员工学起来既枯燥又费劲，从而影响学习积极性。对于较为专业的应急知识，要尽量转化为员工能理解的语言，可以采取图文并茂及案例分析等多种形式进行培训，便于员工掌握。

（3）全面性原则。在选取培训内容时，应确保培训涉及的知识足够全面。首先要做到应急知识的普及教育，这是对培训人员进行的最低程度的应急培训。通过普及教育使班组成员增加自我防护意识，提高应对突发事件的能力。其次是进行专业应急知识培训，要让员工掌握应急救援原则、技能、职责和分工等；最后，还应针对班组的岗位特点进行特殊的培训教育，根据班组的实际情况进行突发事件应对知识技能培训。

（4）相关性原则。培训内容的选取一定要和班组实际岗位相关，是班组员工在实际操作中真正遇到突发事件时能用上的应急技能，这样员工才能联系实际，牢记应急知识，达到好的培训效果。

第三章 班组风险分析及应急能力评估

第一节 班组风险辨识与评估

一、班组风险辨识的内容

基层班组风险辨识就是全面利用基层班组各种基础资料包括静态的、动态的各种参数进行处理、分析，找出在不同环境、不同时期、不同状态下进行施工作业过程中的各种危害因素，发现重点的危害因素并确定安全风险等级，针对找出的各种危害因素，采取工程、技术、管理等方面的措施和手段，达到对危害因素进行消除、改善或控制的目的，最大限度地减少或避免生产事故的发生，保证员工的人身和财产安全。

（一）危害因素辨识依据

根据《生产过程危险和有害因素分类与代码》（GB/T 13861—2009）的规定，按导致事故和职业危害的直接原因进行分类，将生产过程中的危险和有害因素分为人的因素、物的因素、环境因素和管理因素四个大类。

1. 人的因素

人的因素指在生产活动中，来自人员或人为性质的危险和有害因素，包括以下两种：

（1）心理、生理性危险和有害因素，如负荷超限、心理或情绪异常等。

（2）行为性危险和有害因素，如指挥错误或失误、操作错误或误操作等。

2. 物的因素

物的因素指机械、设备、设施、材料等方面存在的危险和有害因素，包括以下三种：

（1）物理性危险和有害因素，如设备、设施、工具、附件缺陷、防护缺陷、电伤害、噪声、震动危害、电离辐射、非电离辐射、运动物伤害、明火、高温物体、低温物体、信号缺陷、标志缺陷、有害光照和其他物理性危险和有害因素。

（2）化学性危险和有害因素，如爆炸品、压缩气体和液化气体、易燃液体、易燃固体和遇湿易燃物品、氧化剂和有机过氧化物、有毒品、放射性物品、腐蚀品、粉尘与气溶胶、其他化学性危险和有害因素。

（3）生物性危险和有害因素，如致病微生物、细菌、病毒、真菌、其他致病微生物、传染病媒介物、致害动物、致害植物、其他生物性危险和有害因素。

3. 环境因素

环境因素指生产作业环境中的危险和有害因素，包括以下四种：

（1）室内作业环境不良，如地面滑、作业场所狭窄杂乱等。

（2）室外作业场地环境不良，如恶劣气候与环境、地面开口缺陷等。

（3）地下（含水下）作业环境不良，如地下作业面空气不良、冲击地压等。

（4）其他作业环境不良。

4. 管理因素

管理因素指管理和管理责任缺失所导致的危险和有害因素，包括职业安全卫生组织机构不健全、职业安全卫生责任制未落实、职业安全卫生管理规章制度不完善、建设项目“三同时”制度未落实、操作规程不规范、事故应急预案及响应缺陷、培训制度不完善、其他职业安全卫生管理规章制度不健全、职业安全卫生投入不足、职业健康管理不完善和其他管理因素缺陷。

参照卫生部、原劳动部、总工会等颁布的《职业病范围和职业病患者处理办法的规定》，将职业危害因素分为生产性粉尘、毒物、噪声与振动、高温、低温、辐射（电离辐射和非电离辐射）、其他等7种。

（二）危害因素辨识步骤

危害因素辨识步骤如下：

（1）利用作业区安全活动时间对班组员工进行辨识方法的培训。

（2）作业区将“作业活动清单”和“危险因素调查表”发放到各班组，班组管理人员与班组员工一起对危害因素进行辨识，员工将辨识出的本岗位的工作场所及相关作业活动中存在的危害因素填写进“危害因素调查表”。调查要求全员参与，注意在辨识所有作业活动的同时，也要将作业活动涉及不到的有关“设备、设施、场所”中的危害因素辨识出来。

（3）作业区风险评估小组按照企业《工作前安全分析管理办法》和班组《工作前安全分析计划表》，组织针对每项作业活动进行风险评估，有组织地辨识危害因素，形成每项活动的危害因素清单。

（4）作业区风险评估小组将辨识的危害因素按照作业活动的类别顺序进行整理汇总形成作业区“危害因素汇总表”。

二、班组风险评估方法

班组常用的风险评估方法有安全检查表法、作业危害分析法、危险及可操作性研究法、作业条件危险性分析评价法等。

（一）安全检查表法（SCL）

为了系统地找出系统中的不安全因素，把系统加以剖析，列出各层次的不安全因素，然后确定检查项目，以提问的方式把检查项目按系统的组成顺序编制成表，以便进行检查或评审，这种表就叫做安全检查表。安全检查表是进行安全检查，发现和查明各种危险和隐患，监督各项安全规章制度实施，及时发现并制止违章行为的一个有力工具，在危险化学品企业已经得到较广泛的应用。

1. 安全检查表法主要操作步骤

（1）收集评估对象的有关数据资料。

（2）选择或编制安全检查表。

（3）现场检查评估。

（4）编写评估结果分析。

2. 安全检查表法注意事项

安全检查表法简单易用，在使用时还应注意以下几点：

（1）安全检查表的检查内容应符合班组的实际，经过一段时间的应用后，应加以总结、修改，不断完善安全检查表。

（2）检查时态度应认真，不可敷衍了事。

（3）对检查出的问题要有追踪，及时解决，避免检查出现问题无人过问。

（二）作业危害分析法（JHA）

1. 步骤

（1）确定（或选择）待分析的作业活动及作业场所，形成作业活动清单。

（2）将作业划分为若干步骤。划分步骤的原则是根据工作的性质，一般划分为 10 个步骤左右即可，划分步骤主要是便于下步的分析。

（3）辨识每一步骤的潜在危害。针对每一个步骤，进行“辨识危害—防范措施”的分析，直到所有的步骤都分析到为止。辨识危害时要仔细思考会出现什么故障（事故），后果如何，是怎样发生的。

（4）确定防护措施。要从工程控制、管理措施、个体防护等几个方面来考虑。

（5）信息传递。将分析的结果告知所有从事该作业的人员，如需对原有的操作规程进行修改，则还应提交到相关管理部门。

2. 作业活动应考虑的三个对象

（1）所有常规、非常规的活动。

（2）所有进入作业场所人员（包括合同方人员和访问者）的活动。

（3）所有作业场所内的设施（无论本单位的还是由外界所提供的）。

作业活动还应包括本单位活动的三种时态、三种状态下的各类型的作业活动。三种时态是指过去、现在、将来，在对现有危害因素进行充分考虑时，要分析以往遗留的危险以及计划中的、活动中的危害因素。三种状态是指正常状态、异常状态和紧急状态：本单位的正常生产情况属于正常状态；装置开停车、设备开停机及检维修等情况下，危害因素与正常状态有较大的不同，属于异常状态；紧急情况则是指发生火灾、爆炸、洪水、地震等情况。

这种分析方法的缺点是它是属于经验性的，没有给出一种办法来避免遗漏作业中存在的危害。

（三）危险及可操作性研究法（HAZOP）

危险及可操作性研究法是专门针对化工过程开发的，也可应用于其他工业领域。该方法提供了 7 个基本关键词（引导词），帮助开展危险分析。如果说作业危害分析是从每一步骤存在的危害入手进行分析的话，那么，危险及可操作性研究就是从这 7 个关键词入手进行分析。化工生产中主要是控制一些工艺参数，工艺参数出现偏差就可能引发事故，而这 7 个关键词就是帮助查找这些偏差，进而进行危险分析，所以掌握这 7 个关键词非常重要。7 个关键词分别是：空白、过量、减量、部分、伴随、相逆、异常，每个关键词对应的意义如下［参考《光气及光气化产品生产装置安全评价通则》（GB 13548—1992）］：

（1）空白，设计或操作要求的指标和事件完全不发生，如无流量。

（2）过量，同标准值相比，数值偏大，如温度、压力、流量等数值偏高。

（3）减量，同标准值相比，数值偏小，如温度、压力、流量等数值偏低。

（4）部分，只完成既定功能的一部分，如组分的比例发生变化，无某些组分。

（5）伴随，在完成既定功能的同时，伴随多余时间发生，如物料在输送过程中发生组分及相变化。

（6）相逆，出现和设计要求完全相反的事或物，如流体反向流动，加热而不是冷却，反应向相反的方向进行。

（7）异常，出现和设计要求不相同的事或物，如发生异常事件或状态、开停车、维修、改变操作模式。

危险及可操作性研究的主要步骤如下：

（1）划分单元。评价对象划分为若干单元。在连续生产中，每一条管道就是一个评价单元，在间歇式生产中，每个设备可作为一个评价单元。

（2）查找偏差。对每一个单元，按照 7 个关键词逐一分析可能产生的偏差。所谓偏差就是工艺参数的偏差，如管道内物料流量为零，管道内压力增加或降低，物料温度升高或降低等。

（3）分析每一个偏差产生的原因和后果。

（4）提出防止出现偏差的措施。

相对而言，危险及可操作性研究法比较细致、烦琐，花费较多的人力、物力和时间。正是因为对每项作业进行分析的“烦琐”做法，才有可能作出深入、细致的分析。一般来说，危险及可操作性研究法常用于危险性较大部位的风险分析工作。

（四）作业条件危险性分析评价法（LEC）

作业条件危险性分析评价法是一种评价在具有潜在危险性环境中作业时的半定量评价方法。它用与系统风险率有关的三种因素指标值之积来评价系统人员伤亡风险大小，这三种因素为发生事故的可能性（L），暴露于危险环境的频繁程度（E），发生事故造成的后果（C），见表 3-1 至表 3-3。该方法风险值的计算公式如下：

$$风险值\ D = L \times E \times C$$

表 3-1　发生事故的可能性（L）

分　　值	发生事故的可能性
10	完全可以预料
6	相当可能
3	可能，但不经常
1	可能性小，完全意外
0.5	很不可能，可以设想
0.2	极不可能
0.1	实际不可能

表 3-2　暴露于危险环境的频繁程度（E）

分　　值	暴露于危险环境的频繁程度
10	连续暴露
6	每天工作时间内暴露

表 3-2（续）

分　值	暴露于危险环境的频繁程度
3	每周一次，或偶尔暴露
2	每月一次暴露
1	每年几次暴露
0.5	非常罕见地暴露

表 3-3　发生事故造成的后果（C）

分　值	发生事故造成的后果
100	10 人以上死亡
40	3~9 人死亡
15	1~2 人死亡
7	重伤
3	伤残
1	轻伤

根据公式可以计算出作业的风险程度，但关键是如何确定各个分值和对总分的评价。

作业风险等级划分见表 3-4。运用作业条件危险性分析评价法进行分析时，风险等级为 3 级、4 级、5 级的作业，确定为具有不可接受风险。

表 3-4　作业风险等级划分

分　值	危 险 程 度	风险等级
>320	极其危险，不能继续作业	5
160~320	高度危险，需立即整改	4
70~160	显著危险，需要整改	3
20~70	一般危险，需要注意	2
<20	稍有危险，可以接受	1

该方法简单易行，风险程度级别划分得比较清楚、醒目。但由其主要根据经验来确定三个因素的分值及划定风险程度等级，因此具有一定的局限性，是一种作业的局部评价，不能普遍使用。

第二节　班组应急资源分析与评估

班组应急资源是应对突发事件、响应事故的物资保障，是基层班组开展应急响应的基础。班组在开展日常安全检查时，更多地将关注点放在了设备防护、设施配置、劳保用品使用、操作规程执行等控制风险、消除隐患的措施落实上，忽略了对应急预案是否具备应急处置能力、应急演练是否真实有效等方面的检查，致使应急预案置于“文件柜”、应急物资形同摆设、应急成员不知职责和处置方法等情况屡见不鲜，严重制约着突发事件的紧急处置，往往导致因应急响应不及时、盲目施救等而发生或扩大事故伤亡和损失。因此，定期进行班组应急资源分析与评估是十分必要的。班组应急资源分析与评估应从三个方面出发：应急资源的配备，应急设施、设备与器材的定期检查、试验和维护，紧急情况下应急资源的调度。

一、班组应急资源的配备

目前，企业应急资源的配备基本依赖管理人员，而为基层配备应急资源的情况极少，导致基层班组人员对应急物资的配置数量和放置位置均不清楚。甚至一些应急物资特别是一些比较贵重的应急物资，如正压式呼吸器、防毒面具等，放置在紧闭的“保险柜”内，导致员工不清楚应急物资是否配备、不清楚应急物资使用办法，甚至导致在面对事故时员工不能及时获得必要的应急物资开展救护。

（一）班组应急资源分类

生产经营单位一般应有如下应急资源类别：

（1）人力保障资源，包括专职应急管理人员、相关应急专家、专职应急队伍和辅助应急人员、社会应急组织、企事业单位、志愿者队伍、社区、国际组织，以及军队与武警等。

（2）资金保障资源，包括政府专项应急资金、捐赠资金和商业保险基金。

（3）物资保障资源，其涉及的方面最为广泛，按用途可分为防护救助、交通运输、食品供应、生活用品、医疗卫生、动力照明、通信广播、工具设备以及工程材料等。

（4）设施保障资源，包括避难设施、交通设施、医疗设施、专用工程机械等。

（5）技术保障资源，包括应急管理专项研究、技术开发、应用建设、技术维护以及专家队伍等。

（6）信息保障资源，包括事态信息、环境信息、资源信息和应急管理知识等。

（7）特殊保障资源，专指那些稀有资源、不可消耗的资源等。

（二）班组应急资源配置要求

（1）班组应急资源的配备数量和存放地点应与风险评估结果相对应，满足应急需求，并形成应急资源清单，包括资源的类别、名称、性能、数量、存放地点、管理人员和责任班组，如果是人力保障资源则需留有联系方式。

（2）班组成员熟练掌握各种应急资源使用方法，熟知存放地点，当突发事件发生时能够及时采取应急救援措施。

（3）除企业内部应急资源，还需摸清周边可依托的应急资源储备情况，有利于构建应急装备动态数据库，建立区域突发事件应急装备紧急调度机制，做到应急装备资源共享，使有限的资源在应急处置中能够充分发挥作用。

（4）适时开展应急实战演练，通过演练来检验应急资源配置是否合理并符合实际，发现问题及时整改。

（5）当班组应急资源配备发生变化时，应上报企业负责应急管理的相关部门存档，并通知到每一位班组成员，即实行变更管理。

二、班组应急设施、设备与器材的定期检查、试验和维护

应急设施、设备与器材的完好是确保应急及时有效的基础条件，因此，班组应对所负责的应急设施、设备与器材进行定期检查、试验和维护，责任到人。

（1）应急设施、设备与器材的保管做到各管理处必须设固定的场所，并指定专人负责。固定个人使用的，由使用者负责；班组轮流使用的，由使用者负责，交接时先检查合格后再接管，如有损坏，及时向主管报告。

（2）保持应急设施、设备与器材的完整，定期进行保养维护。

（3）不定期进行应急设施、设备与器材的检查、更新和调试。

（4）对于有故障的应急设施、设备与器材要及时维修，不能维修的要重新购置。

（5）不得拆除应急设施、设备与器材的随机附件。

（6）每次使用、检查、维修、更换都要做好记录，不得随意挪用、借用、检修。

（7）将应急设施、设备与器材管理制度贴于设备存放处。

（8）对负责检修的人员进行岗前培训，合格后方可进行应急设施、设备与器材的维修检查工作。

三、班组应急资源的调度

生产的过程是变化的、动态的，在班组生产组织、现场管理中，不可避免地存在设备设施、生产操作、协调组织、职工思想情绪等因

素的影响而导致各种突发事故。作为企业生产的最前线，班组应具有面对各种突发情况及时作出判断，作出应急响应，快速合理调配应急物资，将损失控制到最小的能力。

企业应安排调度值班，充分发挥应急管理协调指挥职能，作为应急资源调配的中枢。值班人员除掌握公司各项管理制度、安全生产基本情况，熟悉上级安全生产法律法规、政策以及公司近期安全生产动态外，要熟悉公司应急处置各项预案、应急处置程序及应急资源配备情况。并且值班期间要时刻保持通信畅通，值班人员轮值期间必须24小时吃住在公司，一律不准外出。确需外出必须由其他参与应急调度的值班人员替班，并经分管领导签字批准后，将请假条交到调度室。

成立班组应急小组，全面负责本班组现场应急工作，应急措施宣传和培训，联系调度室，报告预警信息和事故灾害信息，组织班组人员有序撤离，利用应急资源进行现场处置。落实生产现场带班人员、班组长和调度人员直接处置权和指挥权，在遇到险情或事故征兆时立即下达停产撤人命令，组织现场进行应急处置。

企业可通过应急演练对现有应急资源调度方案进行评估，应急资源到达现场需要的时间，调度时间，资源调度是否合理，多部门联动协调能力都可作为班组应急资源调配的评价指标。

第三节　班组应急准备能力评估

一、班组应急准备能力评估的目的与作用

应急准备是为建立和维持政府、各类组织及个人的必要应急能力，以对突发事件预防、减灾、监测预警、应急响应和恢复重建等提供支持，从而避免和减轻突发事件可能造成的损失，所采取的包括

计划、组织、装备、培训、演练、评估、改进等行动的持续循环过程。

班组应急准备能力评估是对班组的应急管理机构、应急预案编制、应急培训、应急演练、应急队伍、应急资源等进行评估，以确保其具备相应的应急准备能力、保存其持续改进机制，并形成书面报告的活动。

一个合理的应急准备方案，是通过“规划—实施—评估—改进—再实施”这一过程不断完善的，其中评估环节是整个应急准备方案自我更新完善的关键所在。通过评估，可以发现应急准备方案在实施过程中可能存在的问题，提出改进方向和方案。与此同时，应急准备是一个资源配置与资金投入的过程，通过定性与定量的评估，可以让提供资金和资源的企业或政府了解其投入和准备的成效，以便更合理地进行资源配置。

二、班组应急准备能力评估指标

选取评估指标、建立评估指标体系，要从生产经营单位的实际情况出发，全面综合地考虑各种影响因素。通常将应急准备能力评估指标分为三级，按生产经营单位的管理、规章制度、人员物资、装备设施等多方面因素的相关性和重要性划分层级，将其整合为一个层次分明的系统，使整个评估指标体系能够全面、系统、合理地体现生产经营单位的应急准备能力。举例如下。

（一）专家调查法构建应急准备能力评估指标体系

1. 应急组织与制度

（1）应急组织体系管理，包括管理机构和应急队伍体系及职责。

（2）应急专业制度管理，包括应急专业法律、制度、标准识别和应急管理制度建设，检查制度是否覆盖各类突发事件应急管理全流程，是否通过企业正式文件管理流程发布，是否发布到主要岗位。

2. 应急值班、监测与预警

（1）应急值班，包括应急指挥中心的建立并实行 24 小时应急值班制度，值班及交接班记录是否完整、规范，应急指挥中心能否快速接警，能否有序、高效地传递信息。

（2）监测与预警，包括现场异常险情监控处置和外部信息监测预警，评估危险源能否得到实时监控和确认，当班操作人员能否及时有效处理异常险情，检查是否建立外部信息预警机制。

3. 应急指挥与响应

（1）应急研判与指挥，包括评估企业是否建立相关应急信息系统（平台），帮助应急指挥人员实时掌握相关应急信息，实现科学地研判信息，以及评估企业是否做到应急信息互联互通、具备远程应急指挥及会商能力。

（2）应急资源查询与调度，包括应急队伍、专家和应急物资的快速查询和调度，测试相关应急信息系统（平台）的有效性。

（3）应急辅助决策，包括地理、气象信息系统，辅助计算工具系统等。例如，存在大规模硫化氢泄漏、大型灌区火灾爆炸等高风险的企业，应急信息平台应根据需求配置泄漏（火灾）计算模型等相关辅助软件工具，实现火灾、爆炸、泄漏等事故扩散影响范围，消防水和消防泡沫用量，罐区火灾事故安全距离等内容的科学计算，并基于电子地理信息实现可视化展示。

4. 关键岗位应急能力

（1）关键岗位应急能力评估。关键岗位包括企业主要领导、分管领导、安全（环保）部门负责人、其他应急相关职能部门负责人、应急指挥中心（生产调度）值班岗位人员、义务应急队长（基层单位负责人/班组长）、义务应急队员（基层单位操作人员）。对以上人员对应急相关制度程序的了解进行访谈，如有需要进行实操考核。

（2）应急培训管理。评估应急培训的内容、计划、执行与考核。

5. 应急队伍能力

（1）应急救援中心管理，评估人员业务训练是否达标，评估应急预案的编制与演练、装备器材的管理情况，是否定期组织区域应急联防演练与完成情况。

（2）外部协议应急队伍管理，根据企业实际需求配置应急装置设施，应急队伍应熟悉现场，应急时能及时到位。

6. 应急设施与物资

（1）生产作业现场应急设施管理，包括应急设施配置是否合理合法合规，日常的管理与维护情况。

（2）应急物资管理，评估物资配置是否种类齐全、数量充足、性能优良，管理是否规范，是否定期组织盘点和维护保养，此外还应包括周边应急物资的掌握及调用。

7. 应急预案

（1）直属企业级应急预案，包括预案编制质量，即预案内容是否符合标准规范，职责程序清晰，具有可操作性；应急预案审核（评审）、发布与备案；应急预案附件是否齐全、实时更新；应急预案评估和修订。

（2）基层单位现场处置方案/岗位应急处置卡，包括现场处置方案（含岗位应急处置卡）编制、内容、审核、发放与修订。现场处置方案应针对具体场所、装置或者设施，明确基层应急响应程序、应急工作职责、应急处置措施和注意事项等内容，涵盖企业场所、装置等主要风险。岗位应急处置卡应针对工作场所、岗位的特点，内容简明、实用、有效，重点突出现场先期报告、处置、救援和避险等环节。

8. 应急演练

（1）演练实操，包括直属企业级演练和二级单位（基层单位级）

应急演练。评估在设定演练情境下的应急预案和应急程序的适用性和科学性。

（2）演练管理，包括演练开展情况，对演练发现的问题是否跟踪与及时整改。

（二）基于情景构建技术的应急准备能力评估指标体系

情景构建是基于区域风险评估和系统脆弱性分析，对未来一定时期内可能发生的、后果极其严重的事件情景进行科学假设，构建情景事件普遍规律下的演化过程，模拟计算事故后果，梳理应对情景事件所需采取的应急任务清单，对照完成任务所需的目标能力，评估现实应急能力，提出改进应急准备能力的建议和措施的一种技术方法。基于情景构建技术建立应急准备能力三级评估指标体系，见表3-5。

表3-5　基于情景构建技术的应急准备能力三级评估指标体系

一级指标	二级指标	三级指标
预防与准备	风险识别	危险源识别与上报
		风险评估
		危险源备案
	风险防控	运行安全的监控
		高风险设施的安全保护
	减轻系统脆弱性	减轻基础设施与建筑物脆弱性
		减轻自然资源与环境脆弱性
		减轻生命安全与健康脆弱性
	应急预案与演练	应急预案建设
		应急演练
	应急救援队伍和应急物资	应急救援队伍建设
		应急物资储备
	宣传教育	专业培训
		公众宣教

表 3-5（续）

一级指标	二级指标	三 级 指 标
监测预警	事件监测与预警	事故监测与预警
		区域预警机制
	情报信息融合和信息发布	情报信息融合平台
		综合预警信息发布系统
应急响应	事件现场管理与协调	危险工艺控制
		事件信息的报送
		事件态势研判
		现场应急指挥
		现场指挥权移交
		应急队伍现场协同
		专家辅助决策
	生命抢救与保护	现场人员的疏散与控制
		院前急救力量集结
		现场设置检伤分类站、救护点
		专业医院快速响应
		应急药品、器械的储备调运
		伤员救治
	应急保障	应急通道保障
		人员疏散转运保障
		公众生活物资保障
		应急物资运输保障
		应急资金保障
		应急通信保障
		救援队伍后勤保障
		电力应急保障
		消防泡沫及用水保障
		气象应急保障
		调度周边省市应急资源

表 3-5（续）

一级指标	二级指标	三级指标
应急响应	现场危害因素消除	专业救援队伍的快速到达
		危险化学品泄漏处置
		现场灭火与防爆
		临近区域危险化学品设施保护
		现场安全保卫与控制
		消防污水及含油污水处置
	财产和环境保护	现场安全保卫与控制
		重点目标的保护
		环境应急响应与保护
恢复重建	基础设施和建筑物恢复	交通恢复
		建筑物废墟、垃圾废物管理
		灾后重建
	公众援助和关怀	对遇难者经济赔偿
		受害者及其家属心理干预
		受伤人员的康复治疗
	环境与自然资源恢复	危险废物管理
		污染物清除
		环境指标检测
	社会经济恢复	经济恢复

第四章　班组应急预案的编制

第一节　应急预案概述

一、应急预案的定义

应急预案又称应急计划，是针对可能的重大事故（件）或灾害，为保证迅速、有序、有效地开展应急与救援行动，降低事故损失而预先制定的有关计划或方案；是根据发生和可能发生的突发事件，事先研究制定的应对计划和方案；是企业或组织针对紧急事态所采取的全部行动的方案。应急预案是在辨识和评估潜在的重大危险、事故类型、发生的可能性及发生过程、事故后果及影响严重程度的基础上，对应急机构职责、人员、技术、装备、设施（备）、物资、救援行动及其指挥与协调等方面预先作出的具体安排。应急预案明确了在突发事件发生之前、发生过程中以及刚刚结束之后谁负责做什么、何时做以及相应的策略和资源准备等，目的是为了降低突发事件造成的人身、财产与环境损失。

二、应急预案的重要作用和意义

编制事故应急预案是应急救援准备工作的重要和核心内容，是及时、有序、有效地开展应急救援工作的重要保障。应急预案在应急救援中的重要作用和地位体现在以下方面：

（1）应急预案确定了应急救援的范围和体系，使应急准备和应急管理不再是无据可依、无章可循。尤其是培训和演练，它们依赖于应急预案：培训可以让应急响应人员熟悉自己的责任，具备完成指定任务所需的相应技能；演练可以检验预案和行动程序，并评估应急人员的技能和整体协调性。

（2）制定应急预案有利于作出及时的应急响应，降低事故后果。应急行动对时间要求十分敏感，不允许有任何拖延。应急预案预先明确了应急各方的职责和响应程序，在应急力量和应急资源等方面作了大量准备，可以指导应急救援迅速、高效、有序地开展，将事故的人员伤亡、财产损失和环境破坏降到最低限度。此外，如果预先制定了预案，对重大事故发生后必须快速解决的一些应急恢复问题，也就很容易解决。

（3）应急预案是班组应对各种突发重大事故的响应基础。通过编制班组的综合应急预案，可保证应急预案具有足够的灵活性，对那些事先无法预料到的突发事件或事故，也可以起到基本的应急指导作用，成为保证班组应急救援的“底线”。在此基础上，班组可以针对特定危害，编制专项应急预案，有针对性制定应急措施，进行专项应急准备和演练。

（4）当发生超过班组应急能力的重大事故时，便于企业、政府应急部门的协调。

（5）有利于提高全社会的风险防范意识。应急预案的编制，实际上是辨识班组重大风险和防御决策的过程，强调各方的共同参与。因此，预案的编制、评审以及发布和宣传，有利于社会各方了解可能面临的重大风险及相应的应急措施，有利于促进社会各方提高风险防范意识和能力。

三、应急预案的分类

事故类型多种多样，因此，在编制应急预案时必须进行合理策划，做到重点突出，反映出本班组作业活动中的主要重大事故风险，并合理组织各类预案。按照预案的适用对象范围可将应急预案分为综合预案、专项预案和现场处置方案。生产规模小、危险因素少的生产经营单位，综合预案和专项预案可以合并编写。

（一）综合预案

综合预案是整体预案，从总体上阐述应急方针、政策，应急组织结构及相应的职责，应急行动的总体思路等。通过综合预案可以很清晰地了解班组的应急体系及预案的文件体系。更重要的是可以作为应急救援工作的基础和“底线”，即使对那些没有预料的紧急情况也能起到一般的应急指导作用。

（二）专项预案

专项预案是针对某种具体的、特定类型的紧急情况，如危险物质泄漏、火灾、某一自然灾害等的应急而制定的。专项预案是在综合预案的基础上充分考虑了某特定危险的特点，对应急的形势、组织机构、应急活动等进行更具体地阐述，具有较强的针对性。

（三）现场处置方案

现场处置方案是在专项预案的基础上，根据具体情况的需要而编制的。它是针对特定的具体场所，即以现场为目标，通常是针对事故风险较大的场所或重要防护区域等所制定的预案，如根据危险化学品事故专项预案编制的某重大危险源的应急预案，根据防洪专项预案编制的某洪区的防洪预案等。现场处置方案的特点是针对某一具体现场的特殊危险及其周边环境情况，在详细分析的基础上，对应急救援中的各个方面作出具体、周密而细致的安排，因而具有更强的针对性和对现场具体救援活动的指导性。

四、应急预案的基本结构

不同的应急预案由于各自所处的层次和适用范围不同，在内容的详略程度和侧重点上会有所不同，但都可以采用相似的基本结构。应急预案的基本结构为一个基本预案加上应急功能设置、特殊风险预案、标准操作程序和支持附件等，构成综合预案，可保证各种类型预案之间的协调性和一致性。

（一）基本预案

基本预案是该应急预案的总体描述，主要阐述应急预案所要解决的紧急情况，应急的组织体系、方针，应急资源，应急的总体思路，并明确各应急组织在应急准备和应急行动中的职责，以及应急预案的演练和管理等规定。

（二）应急功能设置

应急功能是对在各类重大事故应急救援中通常采取的一系列基本的应急行动和任务而编写的计划，如指挥和控制、警报、通信、人员疏散、人员安置、医疗等。它着眼于城市对突发事故响应时所要实施的紧急任务。由于应急功能是围绕应急行动的，因此，它们的主要对象是任务执行机构。针对每一项应急功能，应明确其针对的形势、目标、负责机构和支持机构、任务要求、应急准备和操作程序等。应急预案中包含的功能设置的数量和类型因地方差异会所不同，主要取决于所针对的潜在重大事故危险类型，以及城市或生产经营单位的应急组织方式和运行机制等具体情况。

（三）特殊风险预案

特殊风险是根据各类事故灾难、灾害的特征，需要对其应急功能作出针对性安排的风险。应急管理部门应考虑当地地理、社会环境和经济发展等因素影响，根据其可能面临的潜在风险类型，说明处置此类风险应该设置的专有应急功能或有关应急功能所需的特殊要求，明确这些应急功能的责任部门、支持部门、有限介入部门及其职责和任务，为该类风险的专项预案制定提出特殊要求和指导。

（四）标准操作程序

由于基本预案、应急功能设置并不说明各项应急功能的实施细节，各应急功能的主要责任部门必须组织制定相应的标准操作程序，为应急组织或个人提供履行应急预案中规定职责和任务的详细指导。标准操作程序应保证与应急预案的协调和一致性，其中重要的标准操作程序可作为应急预案附件或以适当方式引用。

（五）支持附件

支持附件主要包括应急救援的有关支持保障系统的描述及有关的附图表。

五、班组应急预案的编制方法

（一）班组应急预案的必要性

班组范围内制定应急预案是防止事故发生的重要举措。所谓班组范围内，是指班组危害辨识、风险评估活动涉及的范围仅限于本班组作业范围，且依靠班组成员本身技能基本上能控制的范畴。班组范围内制定的应急预案，是指班组范围内的成员有能力制定的应急预案，或班组工作中有可能发生且能预见到的所有应急预案。

班组成员来自生产一线，对作业过程及其环境状况最熟悉，安全生产经验最丰富，只有发动他们集思广益，才能将可能发生的各类大小意外事故、紧急情况及其应急措施全数包含进去，将平时的工作经验归纳、整理、加以推广，促使全班组安全环境状况的持续改进。

制定预案的目的是为了实施预案，而预案的实施效果在很大程度上取决于平时演练的成效。只有认真组织好应急预案演练活动，才能依据演练效果及时对应急预案评估、修正，不断提高应急预案的有效性，使应急预案在安全动态管理中实现既定的风险控制计划，使班组原有的各类危害因素得到或基本得到消除或控制。

（二）班组应急预案编制模板

1. 关于与上级预案的衔接

为了确保预案形成一个整体，相互衔接，任一级（岗位）识别出的某一事件与上一级（基层单位）识别的事件一致的，分级要分到上一级；如果是上一级（基层单位）没有的事件，应最高分级到本级。

2. 关于审批

班组预案需要经过上一级（如车间生产主任、设备主任、工艺主任及主任）审核批准。

3. 关于内容要点

（1）班组或岗位情况（名称、所在装置、职责）。

（2）可能发生的事件及分级。事件可分为岗位级Ⅳ（基层单位）级、Ⅴ（班组或岗位）级。

（3）初期处置。如由班组或岗位发现突发事件，班组或岗位作出初始判断，即启动应急机制，进行初期处置。应急启动条件为发生本级事件、上级预案已经启动、上级单位要求启动、下一级单位请求启动、对下一级事件预警到应该启动。

（4）应急报告。关于对应急报告的判断，本班组或岗位进行初期处置的同时，要尽快报告上一级应急指挥小组或报告基层单位应急指挥小组。任一级事件在任一级企业的报告内容是不同的，但一般分为基本报告内容和后续报告内容。原则是依次向上一级报告，但也可以越级报告。

（5）应急行动程序。即本班组或岗位针对具体事件的操作程序。班组或岗位人员要配备符合救援要求的安全职业防护装备，严格按照救援程序开展应急救援工作，确保人员安全。

（6）应急终止与后期处置。应急关闭应满足人的生命、财产、环境、社会影响四个方面均得以处置，或得到上级指令，才可以应急关闭。经应急处置后，岗位确认满足终止条件时，可终止应急。应急处置还应包括人员防护相关措施和事后恢复程序的相关内容。

编制事后恢复程序时要注意明确生产恢复的条件，说明恢复正常状态的程序，并描述调查记录评估反映的方法（对整个应急过程的数据采集、一些现场的记录）。

第二节　我国应急预案体系

根据突发公共事件的发生过程、性质和机理，突发公共事件主要分为自然灾害、事故灾难、公共卫生事件和社会安全事件四类。目前，我国突发公共事件应急预案体系包括：突发公共事件总体应急预案，突发公共事件专项应急预案，突发公共事件部门应急预案，突发公共事件地方应急预案，企事业单位根据有关法律法规制定的应急预案，举办大型会展和文化体育等重大活动，主办单位应当制定应急预案。以《国家突发公共事件总体应急预案》为全国应急预案体系总纲，全国“纵向到底、横向到边”的应急预案体系已经基本形成并不断完善。

（1）突发公共事件总体应急预案是全国应急预案体系的总纲，是国务院应对特别重大突发公共事件的规范性文件，是政府组织管理、指挥协调相关应急资源和应急行动的整体计划和程序规范。该预案由国务院制定，国务院办公厅组织实施。

（2）突发公共事件专项应急预案主要是国务院及其有关部门为应对某一类型或某几个类型突发公共事件而制定的应急预案。由国务院有关部门牵头制定，由国务院批准发布实施。

（3）突发公共事件部门应急预案是国务院有关部门根据总体应急预案、专项应急预案和部门职责为应对突发公共事件制定的预案。由国务院有关部门（单位）制定，报国务院备案后颁布实施。

（4）突发公共事件地方应急预案包括省级人民政府的突发公共事件总体应急预案、专项应急预案和部门应急预案，各市（地）、县（市）人民政府及其基层政权组织的突发公共事件应急预案。上述预案在省级人民政府的领导下，按照分类管理、分级负责的原则，由地方人民政府及其有关部门分别制定。突发公共事件地方应急预案是各地按照分级管理原则，应对突发公共事件的依据。

（5）企事业单位根据有关法律法规制定的应急预案，确立了企事业单位是其内部发生突发事件的责任主体，是各单位应对突发事件的操作指南。当事故发生时，事故单位立即按照预案开展应急救援。

（6）举办大型会展和文化体育等重大活动，主办单位应当制定应急预案。

此外，生产经营单位应急预案是国家应急预案体系的重要组成部分。生产经营单位制定应急预案是贯彻落实“安全第一、预防为主、综合治理”方针、规范本单位应急管理工作、提高应对和防范风险与事故的能力、保证职工安全健康和公众生命安全及最大限度地减少财产损失、环境损害和社会影响的重要措施。生产经营单位应急预案体系又可分为综合应急预案、专项应急预案和现场处置方案。生产经营单位根据有关法律法规和相关标准，结合本单位组织管理体系、生产规模和可能发生的事故特点，科学合理确立本单位的应急预案体系，并注意与其他类别应急预案相衔接。

建立健全统一、高效、科学、规范的突发事件应急处置指挥、保障和预防控制体系，可全面提高企业应对各类突发公共事件的能力，最大限度地预防和减少突发事件（事故）及其造成的损害，保障企业员工的生命财产安全，维护社会稳定，促进经济快速、协调、可持续发展。

第三节　现场处置方案的编制

现场处置方案是生产经营单位应急预案的主要表现形式，有时也将其称作现场处置预案。现场处置方案是针对具体的装置、场所或设施、岗位所制定的应急处置措施，包括事故的风险分析、应急工作职责、应急处置和注意事项。制定现场处置方案的目的是为了规范、提高现场应急处置能力，在事故发生时，能切实有效地开展救援，最大限度地减少人员伤亡和财产损失。《生产经营单位安全生产事故应急预案编制导则》中要求，现场处置方案编制要“针对具体场所、装置或设施”。所以，现场处置方案的内容必须简明、适用，有较强的针对性和可操作性。

一、事故的定义

《职业健康安全管理体系》（GB/T 28001—2011）中规定，事故是一种发生人身伤害、健康损害或死亡的事件。伯克霍夫认为，事故是人（个人或集体）在为实现某种意图而进行的活动过程中，突然发生的、违反人的意志的、迫使活动暂停或永久停止，或迫使之前存续的状态发生暂时或永久性改变的事件。

二、事故的分类

根据事故的属性，可以把事故分为生产事故和非生产事故。根据事故的原因，可以把事故分为自然事故和人为事故。根据生产事故产生的不同后果，又可以把事故分为伤亡事故、物质损失事故和险肇事故。

三、事故的一般规律

事故的发生具有客观规律性。通过长期的研究和分析，安全专业人员总结出了很多事故理论，如事故致因理论、事故模型、事故统计学规律等。事故的最基本特性就是因果性、随机性、潜伏性和可预防性。

（一）因果性

事故的因果性是指事故由相互联系的多种因素共同作用的结果。引起事故的原因是多方面的，在伤亡事故调查分析过程中，应弄清事故发生的因果关系，找到事故发生的主要原因，才能“对症下药”。

（二）随机性

事故的随机性是指事故发生的时间、地点、事故后果的严重性是偶然的。这说明事故的预防具有一定的难度。但是，事故的这种随机性在一定范畴内也遵循统计规律，从事故的统计资料中可以找到事故发生的规律性。因而，事故统计分析对制定正确的预防措施有重大的意义。

（三）潜伏性

表面上事故是一种突发事件，但是事故发生之前有一段潜伏期。在事故发生前，人、机、环境系统所处的这种状态是不稳定的，也就是说系统存在着事故隐患，具有危险性。如果这时有一触发因素出现，就会导致事故的发生。在工业生产活动中，企业较长时间内未发生事故，如麻痹大意，就是忽视了事故的潜伏性，这是工业生产中的思想隐患，是应予克服的。

（四）可预防性

现代工业生产系统是人造系统，这种客观实际给预防事故提供了基本的前提。所以说，任何事故从理论和客观上讲都是可预防的。认识这一特性，对坚定信念、防止事故发生有促进作用。因此，人类应该通过各种合理的对策和努力，从根本上消除事故发生的隐患，把事故的发生降低到最低限度。

四、事故原点及其特点

事故原点就是构成事故的最初起点，也就是事故隐患转化为事故的具有初始性突变特征的、与事故发展过程有直接因果联系的点，如火灾事故的第一起火点、爆炸事故的第一起爆点、车辆伤害事故的第一接触点等。

事故原点具有以下 3 个特征：①事故原点是从事故隐患转化为事故的具有突变特征的点；②事故原点是从事故隐患转化为事故的具有初始性的点；③事故原点是在事故发展过程中与事故后果有直接因果联系的点。

五、现场处置方案编制的内容

基于事故的规律及其特点可知，编制现场处置方案可以有效地预防事故的发生。现场处置方案应根据风险评估及危险性控制措施逐一编制，做到事故相关人员应知应会，熟练掌握，并通过应急演练，做到迅速反应、正确处置。现场处置方案编制的主要内容包括以下几部分。

（一）突发事件特征

（1）危险性分析。明确现场及作业环境中可能出现的事故类型。在《企业职工伤亡事故分类标准》（GB 6441—1986）中，将事故类型划分为 20 种：物体打击、车辆伤害、机械伤害、起重伤害、触电、淹溺、灼烫、火灾、高处坠落、坍塌、冒顶片帮、透水、爆破、瓦斯爆炸、火药爆炸、锅炉爆炸、容器爆炸、其他爆炸、中毒和窒息、其他伤害。

（2）突发事件发生的区域、地点或装置的名称。明确事故发生的装置、地点，如设备、部件、工段、过程等。

（3）突发事件可能发生的时间和造成的危害程度。明确事故发生的时间是随时还是特定工作场景等；明确事故可能造成的后果，重点分析关键装置、要害部位、重大危险源等突发事件发生的可能性及是否会损伤工人健康，是否会危及生产，清晰作业现场风险。

（4）突发事件前可能出现的征兆。从人的不安全行为、物的不安全状态、环境的不稳定状态、管理的缺失四个方面进行事故征兆识别，是否存在会导致事故的异常因素，明确事故判断的基本征兆及条件。

（二）应急组织与职责

（1）应急自救组织机构。根据企业基层单位应急自救组织形式及人员构成情况，设置应急自救小组及成员，必要时绘制应急处置流程图，按照流程中的处置环节对组织机构及岗位人员的职能进行具体分配。

（2）人员的具体职责。应急自救组织机构、人员的具体职责，应同单位或车间、班组人员工作职责紧密结合，按照现场应急工作分工，组成负责综合、抢险、通信、善后等应急工作的若干工作小组，明确相关岗位和人员的应急工作职责。

（三）应急处置程序

（1）事故应急处置程序。展开现场危害及风险分析，根据可能发生的事故类别及现场情况，明确事故报警、各项应急措施启动（从操作措施、工艺流程、现场处置、监测以及事态控制、紧急疏散与警戒、人员防护与救护、环境保护等）、应急救护人员的引导、事故扩大及同企业应急预案的衔接的程序。

（2）现场应急处置措施。针对可能发生的火灾、爆炸、危险化学品泄漏、坍塌、水患、机动车辆伤害等，从操作措施、工艺流程、现场处置、事故控制，人员救护、消防、现场恢复等方面制定明确的应急处置措施。

(3) 报警电话及上级管理部门、相关应急救援单位联络方式和联络人员，事故报告基本要求和内容。

(四) 注意事项

根据现场可能发生的突发事件类型及特点，对防护、警戒措施、个人防护器具等注意事项进行描述，具体有以下几点：

(1) 佩戴个人防护器具方面的注意事项。

(2) 使用抢险救援器材方面的注意事项。

(3) 采取救援对策或措施方面的注意事项。

(4) 现场自救和互救的注意事项。

(5) 现场应急处置能力确认和人员安全防护等的注意事项。

(6) 应急救援结束后的注意事项。

(7) 其他需要特别警示的注意事项。

(五) 应急保障

(1) 应急联系表。列出应急工作中需要联系的部门、机构或人员的多种联系方式，并不断更新，如救援人员、医护人员、紧急联络员、应急小组成员等的联系方式。

(2) 应急物资清单。列出应急预案涉及的重要物资和装备名称、型号、存放地点和联系电话等。

第四节 “一案一卡”在基层班组的应用

“一案一卡”是基层组织和重点岗位应急处置的操作性文件，是对现场处置方案和重点岗位应急处置卡的简称。近年来，一些大型企业集团、高危生产经营企业在安全生产应急管理实践方面进行了有益探索，开展了应急预案的优化、简化、卡片化工作，在推广实施“一案一卡”工作中取得了比较好的效果。

现场处置方案是生产经营单位应急预案的主要表现形式，有时也将其称为现场处置预案。现场处置方案的内容必须简明、适用，有较强的针对性和可操作性。

重点岗位应急处置卡全称为现场重点岗位从业人员应急处置卡，工作中可简称为重点岗位应急处置卡或应急处置卡。按照《生产安全事故应急预案管理办法》第十九条规定，生产经营单位应当在编制应急预案的基础上，针对工作场所、岗位的特点，编制简明、实用、有效的应急处置卡。同时要求，应急处置卡应当规定重点岗位、人员的应急处置程序和措施，以及相关联络人员和联系方式，便于从业人员携带。

在应用“一案一卡”时应避免以下情况：

(1) 避免重复持卡，一岗多卡。不要把日常工作中岗位处理一些常见的复杂、异常情况的操作规程与重点岗位应急处置卡等同起来，避免人为把常规操作规程进行非常规化处理，致使应急处置卡泛滥成灾，淡化了应急工作。应急处置卡针对的是当险情发生后，若处置不及时就会引发严重事故后果的情况，突出和强调的是“小概率、高风险后果”。同时，也不能用重点岗位应急处置卡代替现行的操作规程，避免由于强调非常规应急情况而淡化常规（已有操作规程）管理的要求，出现工作及管理责任空档。

(2) 按照“一案一卡”进行应急能力训练。重点岗位必须经常进行应急处置卡训练，掌握必要的知识、判断能力和处置技能，通过不断训练提高处置技能与技巧，结合参与现场应急处置方案演练，检验其熟练程度与效果。同时，要把重点岗位应急处置卡训练与正确行使紧急避险权教育有机结合起来，避免因其岗位能力不足或紧急避险权行使不当引发失职、渎职行为，造成严重事故后果。

第五节　班组典型突发事件应急处置方案实例

一、工厂火灾应急处置方案

（一）突发事件特征

1. 事故发生区域及事故类型

事故发生区域为办公区域、员工宿舍、员工食堂等场所可能发生人为或者自然因素火灾的场所。主要事故类型有电器起火、电线老化引发的火灾、炊事中不当用火引发的火灾等。

2. 危害程度

工厂火灾危害程度分析见表4-1。

表4-1　工厂火灾危害程度分析表

事故类型	危害程度分析
电器火灾	可能性低，可控性中，危害性中
电线老化火灾	可能性低，可控性中，危害性中
食堂火灾	可能性低，可控性中，危害性中

3. 事故征兆

作业现场出现浓烟、明火。

（二）应急组织与职责

1. 应急处置小组组成

组长：×××

副组长：×××

成员：×××、×××、×××等。

2. 工作职责

（1）组长负责了解和掌握事故现场情况，及时向上级汇报，在上级应急指挥机构到达前负责指挥和组织现场抢救。

（2）副组长负责协助组长开展应急抢救工作。

（3）事故现场人员负责组织开展前期现场抢救。

（4）各部门/小组负责人、安全管理人员负责维护现场秩序、保护事发现场。

（5）现场代班人员在遇到险情时，有第一时间下达停产撤人命令的直接决策权和指挥权。

（三）应急处置

1. 事故应急处置程序

（1）应急职责与工作职责紧密结合，第一发现者进行事故初步判断、依据事故现场必要信息明确报警、立即启动应急处置措施，按照本应急处置预案所提供的方法进行自救或实施救护。

（2）在紧急抢救的同时，事故现场人员应立即报告本项目的应急处置小组，应急处置小组根据事故的大小和发展态势启动本项目部相应级别的应急预案。

（3）当事故超出本项目部应急处置能力时，应立即向当地政府有关部门及上级主管部门请求支援。

2. 电器及电线老化火灾应急处置措施

（1）电线、电气设备着火，应首先切断供电线路及电气设备电源。

（2）电气设备着火，灭火人员应充分利用现有的消防设施、装备器材投入灭火战斗。

（3）及时疏散事故现场有关人员及抢救、疏散火源周围的物资。

（4）着火事故现场由熟悉带电设备的技术人员负责灭火指挥或组织消防灭火组扑灭电气火灾。

（5）扑救电器火灾，可使用干粉灭火器或二氧化碳灭火，不得使用水、泡沫灭火器灭火。

（6）扑救电气设备火灾时，灭火人员应采用穿绝缘鞋、戴绝缘手套、戴防毒面具等措施加强自我保护。

（7）消防队到达后，协同配合消防队灭火抢险。

3. 食堂火灾事故应急处置措施

（1）食堂油料或者燃气着火，可选用卤代烷1211灭火器、干粉灭火器、二氧化碳灭火器或消防用沙进行灭火。

（2）及时疏散事故现场有关人员及抢救、疏散火源周围的物资。

（3）食堂电器、油料着火不得使用水、泡沫灭火器灭火。

4. 火灾事故现场受伤人员处置措施

（1）被救人员衣服着火时，可令其就地翻滚，用水或毯子、被褥等物覆盖；被火烧伤处的衣物应剪开脱去，不可强行撕拉，伤处应用消毒纱布或干净棉布覆盖，并立即送往医院救治。

（2）对烧伤面积较大的伤员要注意其呼吸、心跳的变化，必要时进行心脏复苏。

（3）对有骨折出血的伤员，应作相应的包扎、固定处理，搬运伤员时，以不压迫创面和不引起呼吸困难为原则。

（4）抢救受伤严重或在进行抢救伤员的同时，应及时拨打急救中心电话120，由医务人员进行现场抢救伤员的工作，并派人接应急救车辆。

5. 事故报告

（1）事故发生后，由项目应急处置小组组长向上级主管单位汇报事故信息。

（2）事件报告要求事件信息准确完整，事件内容描述清晰。

（3）事件报告内容主要包括单位名称、地址、性质，事件发生时间、地点、已经造成或者可能造成的伤亡人数（包括下落不明、涉险的人数）等。

（四）注意事项

（1）消防栓的使用方法：打开消防栓门，一人接好枪头和水带奔向起火点，另一人接好水带和阀门口，把消防栓水轮逆时针旋开，即可喷水灭火。

（2）灭火器的使用方法如图 4-1 所示。

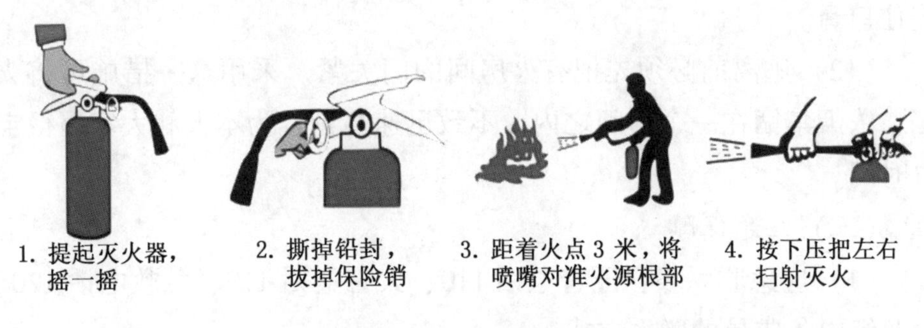

图 4-1　灭火器的使用方法

（3）火灾逃生面具的使用方法：①打开盒盖取出塑料包装袋；②撕开包装袋，取出呼吸器；③拔掉前后两个罐塞；④戴上头罩，拉紧头带（注意：如在使用过程中，不拔掉前后两个罐塞，吸气口封闭会导致窒息死亡）。

（4）起火初期最易扑灭，在消防车未到前，如能集中全力抢救，常能化险为夷，转危为安。

（5）报警愈早，损失愈小。牢记 119 火警电话。

（6）火势较大时要迅速逃生，不能贪恋财物。

（7）要沉着冷静，严守秩序，才能在火场中安全撤退。倘若争先恐后，互相拥挤，阻塞通道，导致自相践踏，会造成不应有的惨剧。

（8）楼内失火可向着火层以下疏散，逃生时不要乘普通电梯。下楼通道被火封住，欲逃无路时，将被单、台布等撕成布条，结成绳索，牢系窗槛，再用衣角护住手心，顺绳滑下。

（9）邻室起火，万勿开门，应跳入窗户阳台，呼喊救援或用前法脱险；否则，热气浓烟乘虚而入将使人窒息。

（10）烟雾较浓时，不必惊慌，宜用膝、肘着地，匍匐前进，因为近地处往往残留清新空气。注意，呼吸要小而浅。

（11）逃离时，要用湿毛巾掩住口鼻。可用水打湿衣服、布类等掩住口鼻。

（12）逃离前必须先把有火房间的门关紧。采用这一措施可将火焰、浓烟禁锢在一个房间之内，不致迅速蔓延，为本人和大家赢得宝贵时间。

（五）应急保障

（1）应急联系表：匪警电话 110、火警电话 119、急救电话 120，以及组内各成员的联系方式。

（2）应急物资清单：医用急救箱、担架和应急照明灯等急救物资，应急救援车辆等。

二、触电应急处置

（一）突发事件特征

1. 事故类型

触电事故一般分为电击事故和电伤事故。

2. 危害程度

电流通过人体内部器官，会破坏人的心脏、肺部、神经系统，使人出现痉挛、呼吸窒息、心室纤维式颤动、心跳骤停甚至死亡。电流通过体表时，会对人体外部造成局部伤害，即电流的热效应、化学效应、机械效应对人体外部组织和器官造成伤害，如电灼伤、金属溅伤、电烙印。

3. 事故征兆

用电设备及用电装置未按照国家规范进行设计、安装及使用，设备的金属外壳未采用保护接地措施，漏电保护装置没有定期进行检查，供电系统没有正确采用接地系统以及避雷装置，人员未正确佩戴安全防护用品等。

（二）应急组织与职责

1. 应急处置小组组成

组长：×××

副组长：×××

成员：×××、×××、×××等。

2. 工作职责

（1）组长负责了解和掌握事故现场情况，及时向上级汇报，在上级应急指挥机构到达前负责指挥和组织现场抢救。

（2）副组长负责协助组长开展应急抢救工作。

（3）事故现场人员负责组织开展前期现场抢救。

（4）各部门/小组负责人、安全管理人员负责维护现场秩序、保护事发现场。

（5）现场代班人员在遇到险情时，有第一时间下达停产撤人命令的直接决策权和指挥权。

（三）应急处置

1. 事故应急处置程序

（1）应急职责与工作职责紧密结合，第一发现者进行事故初步判断、依据事故现场必要信息明确报警、立即启动应急处置措施，按照本应急处置预案所提供的方法进行自救或实施救护。

（2）在紧急抢救的同时，事故现场人员应立即报告本项目的应急处置小组，应急处置小组根据事故的大小和发展态势启动本项目部相应级别的应急预案。

（3）当事故超出本项目部应急处置能力时，应立即向当地政府有关部门及上级主管部门请求支援。

2. 自救措施

（1）如果一旦发生事故，现场又无人救援，此时务须镇静自救。在触电后的最初几秒内，人的意识并未完全丧失，触电者可用另一只手抓住电线绝缘处，把电线拉出，摆脱触电状态。

（2）如果触电时电线或电器固定在墙上，可用脚猛蹬墙壁，同时身体往后倒，借助身体重量甩开电源。

3. 低压触电事故脱离电源方法

（1）立即拉掉开关，拔出插销，切断电源。

（2）如果电源开关距离较远，可用有绝缘柄的钳子或塑料布、木板断开电源线。或用木板等绝缘线插入触电者身下，以隔断流经人体的电流。

（3）当电线搭落在触电者身上，可用干燥的衣服、手套、绳索、木板、木棍等绝缘物作为工具，拉开触电者及挑开电线使触电者脱离电源。

4. 高压触电事故脱离电源方法

（1）立即通知有关部门停电。

（2）戴上绝缘手套，穿上绝缘鞋，用相应电压等级的绝缘工具拉开开关。

（3）抛掷一端可靠接地的裸金属线使线路接地，迫使保护装置动作，断开电源。

（4）当发现有人触电后，现场有关人员立即向周围人员呼救，采取相应的抢救措施，同时向项目部负责人报告。如有人受伤，应拨打 120 同急救中心取得联系，详细说明事故地点、严重程度、联系电话，并派人到路口接应。

5. 事故报告

（1）事故发生后，由项目应急处置小组组长向上级主管单位汇报事故信息。

（2）事件报告要求事件信息准确完整，事件内容描述清晰。

（3）事件报告内容主要包括单位名称、地址、性质，事件发生时间、地点、已经造成或者可能造成的伤亡人数（包括下落不明、涉险的人数）等。

（四）注意事项

（1）触电事故发生后，必须不失时机地进行急救，动作迅速，方法正确，使触电者尽快脱离电源是救治触电者的首要条件。

（2）救护人员不可直接用手或其他金属及潮湿的构件作为救护工具，而必须使用适当的绝缘工具，救护人员要一只手操作以防自己触电。

（3）防止触电者脱离电源后可能的摔伤，特别是当触电者在高处的情况下，应考虑防摔措施。即使触电者在平地，也要注意触电者倒下的方向，注意防摔。

（4）如果事故发生在夜间，应迅速解决临时照明，以利于抢救，并避免扩大事故。

（5）人触电后，会出现神经麻痹、呼吸中断、心脏停止跳动等现象，外表上呈现昏迷不醒的假死状态，不能马上送到医院时，应立即进行现场抢救，方法是人工呼吸和胸外心脏挤压法。

（五）应急保障

（1）应急联系表：匪警电话110、火警电话119、急救电话120，以及组内各成员的联系方式。

（2）应急物资清单：医用急救箱、担架和应急照明灯等急救物资，应急救援车辆等。

三、高处坠落应急处置

（一）突发事件特征

1. 事故类型

根据高处作业者工作时所处的部位不同，高处作业坠落事故可分为：临边作业高处坠落事故、洞口（预留口、通道口、楼梯口、电梯口、阳台口等）作业高处坠落事故、攀登作业高处坠落事故、悬空作业高处坠落事故、操作平台作业高处坠落事故、交叉作业高处坠落事故等，以及脚手架上作业、石棉瓦等轻型屋面作业、拆除作业中、登高过程中、梯子上作业、其他高处作业（铁塔上、电杆上、设备上、构架上、树上等）坠落事故等。

2. 危害程度

高处作业易发生高处坠落事故，造成坠落人员身体摔伤，严重的可导致人员死亡。

3. 事故征兆

洞口、临边等防护设施不齐全；脚手架搭设不规范、未挂警示牌、平台不牢固、有孔洞、脚手板材质或铺设不符合要求；起重吊装、吊篮架、提升架等安装不良、装置失灵导致坠落或失稳；不具备高处作业资格（条件）的人员从事高处作业，作业人员未按规定佩带劳动防护用品或劳动防护用品存在缺陷等。

（二）应急组织与职责

1. 应急处置小组组成

组长：×××

副组长：×××

成员：×××、×××、×××等。

2. 工作职责

（1）组长负责了解和掌握事故现场情况，及时向上级汇报，在上级应急指挥机构到达前负责指挥和组织现场抢救。

（2）副组长负责协助组长开展应急抢救工作。

（3）事故现场人员负责组织开展前期现场抢救。

（4）各部门/小组负责人、安全管理人员负责维护现场秩序、保护事发现场。

（5）现场代班人员在遇到险情时，有第一时间下达停产撤人命令的直接决策权和指挥权。

（三）应急处置

1. 事故应急处置程序

（1）应急职责与工作职责紧密结合，第一发现者进行事故初步判断、依据事故现场必要信息明确报警、立即启动应急处置措施，按照本应急处置预案所提供的方法进行自救或实施救护。

（2）在紧急抢救的同时，事故现场人员应立即报告本项目的应急处置小组，应急处置小组根据事故的大小和发展态势启动本项目部相应级别的应急预案。

（3）当事故超出本项目部应急处置能力时，应立即向当地政府有关部门及上级主管部门请求支援。

2. 现场应急处置措施

（1）发生高空坠落事故后，现场人员应当立即采取措施，切断或隔离危险源，防止救援过程中发生次生灾害。

（2）马上组织人员抢救伤者，搬开压在伤者身上的物体，并立即向项目部负责人报告。

（3）现场人员应做好受伤人员的现场救护工作。如受伤人员出现骨折、休克或昏迷状况，应采取临时包扎止血措施，进行人工呼吸或胸外心脏挤压，尽量努力抢救伤员。

（4）在伤员转送之前必须进行急救处理，避免伤情扩大，途中作进一步检查，进行病史采集，以发现一些隐蔽部位的伤情，作进一步处理，减轻患者伤情。转送途中密切观察患者的瞳孔、意识、体温、脉搏、呼吸、血压等情况，有异常应及早作出相应的处理措施。

（5）当有人受伤严重时，应派人拨打 120 同当地急救中心取得联系，详细说明事故地点、严重程度、联系电话，并派人到路口接应。

3. 事故报告

（1）事故发生后，由项目应急处置小组组长向上级主管单位汇报事故信息。

（2）事件报告要求事件信息准确完整，事件内容描述清晰。

（3）事件报告内容主要包括单位名称、地址、性质，事件发生时间、地点、已经造成或者可能造成的伤亡人数（包括下落不明、涉险的人数）等。

（四）注意事项

（1）当发生高处坠落事故后，应优先对呼吸道梗阻、休克、骨折和出血者进行处理，应先救命，后治伤。

（2）重伤员运送应用担架，腹部创伤及脊柱损伤者，应用卧位运送；胸部伤者一般取卧位，颅脑损伤者一般取仰卧偏头或侧卧位。

（3）抢救失血者，应先进行止血；抢救休克者，应采取保暖措施，防止热损耗；抢救脊椎受伤者，应将伤者平卧放在帆布担架或硬板上，严禁只抬伤者的两肩与两腿或单肩背运。

（4）备齐必要的应急救援物资，如车辆、医药箱、担架、氧气袋、止血带、通信设备等。

（5）应保护好高处坠落事故现场，等待事故调查组进行调查处理。

（五）应急保障

（1）应急联系表：匪警电话110、火警电话119、急救电话120，以及组内各成员的联系方式。

（2）应急物资清单：医用急救箱、担架和应急照明灯等急救物资，应急救援车辆等。

四、一氧化碳中毒应急处置

（一）突发事件特征

1. 事故发生区域及类型

一氧化碳通常状况下是无色、无臭、无味的气体。本公司原料车间石灰炉炉顶及作业区域可能会产生一氧化碳聚集，作业人员吸入一氧化碳气体可引发中毒和窒息。

2. 危害程度

接触一氧化碳后会出现头痛、头昏、心悸、恶心等症状。轻度中毒者会出现剧烈的头痛、头昏、恶心、呕吐、步态不稳、轻度至中度意识障碍（如意识模糊、朦胧状态，但无昏迷）等症状。重度中毒者常很快昏迷，呼吸困难和呼吸肌麻痹而迅速死亡，甚至电击样死亡。

3. 事故征兆

作业人员出现头晕、恶心、面色潮红，口唇呈樱红色，脉搏增快等症状。

（二）应急组织与职责

1. 应急处置小组组成

组长：×××

副组长：×××

成员：×××、×××、×××等。

2. 工作职责

（1）组长负责了解和掌握事故现场情况，及时向上级汇报，在上级应急指挥机构到达前负责指挥和组织现场抢救。

（2）副组长负责协助组长开展应急抢救工作。

（3）事故现场人员负责组织开展前期现场抢救。

（4）各部门/小组负责人、安全管理人员负责维护现场秩序、保护事发现场。

(5) 现场代班人员在遇到险情时，有第一时间下达停产撤人命令的直接决策权和指挥权。

(三) 应急处置

1. 事故应急处置程序

(1) 应急职责与工作职责紧密结合，第一发现者进行事故初步判断、依据事故现场必要信息明确报警、立即启动应急处置措施，按照本应急处置预案所提供的方法进行自救或实施救护。

(2) 在紧急抢救的同时，事故现场人员应立即报告本项目的应急处置小组，应急处置小组根据事故的大小和发展态势启动本项目部相应级别的应急预案。

(3) 当事故超出本项目部应急处置能力时，应立即向当地政府有关部门及上级主管部门请求支援。

2. 现场应急处置措施

(1) 当发生有人一氧化碳中毒时，在确保自身安全的情况时，积极采取有效的抢险措施。

(2) 首先使中毒人员脱离有害气体环境。

(3) 在注意保暖的情况下，将患者放置于通风良好的环境中，解开领扣，清理患者口中呕吐物和假牙等异物保持呼吸道通畅，并保持静卧，减少一切不必要活动和刺激。

(4) 如果发现中毒人员呼吸骤停，应立即行口对口人工呼吸，并作心脏体外按摩，直至医务人员赶到。有条件可立即给中毒者输氧。

(5) 积极配合医护人员现场救援，并迅速将中毒者送往医院救治。

(6) 其他无关人员撤离危险区域。

3. 事故报告

(1) 事故发生后，由项目应急处置小组组长向上级主管单位汇报事故信息。

(2) 事件报告要求事件信息准确完整，事件内容描述清晰。

(3) 事件报告内容主要包括单位名称、地址、性质，事件发生时间、地点、已经造成或者可能造成的伤亡人数（包括下落不明、涉险的人数）等。

(四) 注意事项

(1) 正常生产过程中，必须两人或两人以上上炉顶检查设备或检修，严禁一人上炉顶；人员要站在上风口。

(2) 上炉顶检查设备或检修清理，必须携带通信工具，并调试好，确保有效好用，发生问题及时与主控室联系。

(3) 进入炉气管道、收尘器、石灰炉顶、石灰炉内等有毒场所进行检查或作业前，应按规定戴好防毒用具和空气呼吸器，关闭相应阀门，互相监护，严禁一人单独作业。佩戴防毒面具时，呼吸用的橡皮管管口要放在上风口或通风良好的地方，管口固定好；使用空气呼吸器，气瓶严禁碰撞，气瓶压力符合规定；进入炉内必须系好安全带。

(4) 如果有人出现头痛、头晕、恶心等症状时，必须立即撤离现场。

(5) 如遇中毒者，千万不可盲目施救，避免事态扩大，应查明原因做好防护后立即进行救护。

(6) 事故抢险过程中根据情况，将影响救援的相应设备停车，在救援结束确认安全的前提下组织恢复生产。

(五) 应急保障

(1) 应急联系表：匪警电话 110、火警电话 119、急救电话 120，以及组内各成员的联系方式。

(2) 应急物资清单：医用急救箱、担架和应急照明灯等急救物资，应急救援车辆等。

五、烧烫伤急救应急处置

（一）突发事件特征

1. 事故发生区域

发生烧烫伤的区域、地点或装置有厨房炉头、蒸汽柜前、餐厅服务过程中、热水炉房、机修工作间等工作或经营场所。

2. 危害程度

烧烫伤主要是指高温的液体、火焰、器具或是腐蚀性化学制剂的侵害而引起的伤害。在厨房中或服务中由热汤、热油、沸水或是大量的蒸汽等引起的热液烫伤伤害，在厨房中的瓦斯爆炸或其他场所火灾所引起的火焰烧伤伤害，在工作中接触到热锅等引起的接触烧伤伤害，在清洁工作中违规操作，强酸、强碱等所引起的腐蚀性化学制剂伤害等原因，均可能造成烧烫伤事故，这种情况多发生在经营生产或者服务过程中。

3. 事故征兆

厨房地面湿滑；对化学制剂认识不足；作业人员疏忽防护措施，劳保品穿戴不规范。

（二）应急组织与职责

1. 应急处置小组组成

组长：×××

副组长：×××

成员：×××、×××、×××等。

2. 工作职责

（1）组长负责了解和掌握事故现场情况，及时向上级汇报，在上级应急指挥机构到达前负责指挥和组织现场抢救。

（2）副组长负责协助组长开展应急抢救工作。

（3）事故现场人员负责组织开展前期现场抢救。

(4) 各部门/小组负责人、安全管理人员负责维护现场秩序、保护事发现场。

(5) 现场代班人员在遇到险情时，有第一时间下达停产撤人命令的直接决策权和指挥权。

(三) 应急处置

1. 事故应急处置程序

(1) 应急职责与工作职责紧密结合，第一发现者进行事故初步判断、依据事故现场必要信息明确报警、立即启动应急处置措施，按照本应急处置预案所提供的方法进行自救或实施救护。

(2) 在紧急抢救的同时，事故现场人员应立即报告本项目的应急处置小组，应急处置小组根据事故的大小和发展态势启动本项目部相应级别的应急预案。

(3) 当事故超出本项目部应急处置能力时，应立即向当地政府有关部门及上级主管部门请求支援。

2. 烧伤的急救措施

(1) 如果工作人员身上着火，应该告知其用双手尽量掩盖脸部，并让其立即倒地翻滚让火熄灭，或者立刻拿桌布等大型布料将伤者包住翻滚将火熄灭。

(2) 等到火熄灭后，再以烫伤的急救步骤来处理。

3. 腐蚀性化学制剂伤害的急救措施

(1) 无论是哪种化学制剂，都应该以大量的清水加以冲洗，而且清洗的时间至少要维持30分钟，才可以冲淡化学制剂的浓度，尤其当眼睛已受到伤害时，更要立刻睁开眼睛用大量清水来冲洗。

(2) 立刻送医院治疗。

4. 烫伤的急救措施

(1) 冲：将被烫的部位用流动的自来水冲洗或是直接浸泡在水中，以便皮肤表面的温度迅速降下来。

（2）脱：在被烫伤的部位充分浸湿后，小心地将烫伤表面的衣物去除，必要时可以使用剪刀剪开。如果衣物已经和皮肤发生沾黏的现象，可以让衣物暂时保留。此外，还必须注意不可将伤部的水泡弄破。

（3）泡：继续将烫伤的部位浸泡在冷水中，以减轻伤者的疼痛感。但不能泡得太久，应及时去医院，以免延误了治疗的时机。

（4）盖：用干净的布类将伤口覆盖起来，切记千万不可自行涂抹任何药品，以免引起伤口感染和影响医疗人员的判断与处理。

（5）医：尽快送医院治疗，如果伤势过重，最好要送到设有整形外科或烧烫伤病科的医院。

5. 事故报告

（1）事故发生后，由项目应急处置小组组长向上级主管单位汇报事故信息。

（2）事件报告要求事件信息准确完整，事件内容描述清晰。

（3）事件报告内容主要包括单位名称、地址、性质，事件发生时间、地点、已经造成或者可能造成的伤亡人数（包括下落不明、涉险的人数）等。

（四）注意事项

（1）处理事故进行救人时，应检查、确认安全防护措施，必须安排两人以上进行作业，相互监护。

（2）处理事故时，设专人监督，防止无关人员进入，防止再次发生灾害事故。

（3）撤离时，所有岗位人员由所在岗位班组长指挥，通过安全通道撤离，所有人员遵守撤离秩序，防止混乱或踩踏。

（五）应急保障

（1）应急联系表：匪警电话 110、火警电话 119、急救电话 120，以及组内各成员的联系方式。

（2）应急物资清单：医用急救箱、担架和应急照明灯等急救物资，应急救援车辆等。

六、氨气中毒应急处置

（一）突发事件特征

1. 事故发生区域及类型

液氨，又称为无水氨，是一种无色液体。通常将气态的氨气通过加压、冷却得到液态氨。氨易溶于水，溶于水后形成氢氧化铵的碱性溶液。氨在 20 ℃水中的溶解度为 34%。本公司生产厂制冷车间制冷设备及管道使用液氨作为制冷剂，作业人员吸入氨气引发氨中毒事故。

2. 危害程度

氨气被人体吸入，轻则刺激呼吸器官，重则导致昏迷甚至死亡。轻度中毒表现为咽喉疼痛、咳嗽或咯血、胸闷或胸骨后疼痛。严重中毒可出现喉头水肿，以及呼吸道黏膜脱落，造成气管阻塞，引起窒息。吸入高浓度氨气可引起肺水肿。

3. 事故征兆

生产过程中由于制冷间冷机轴封损坏、冷机氨气管路有泄漏，发生氨泄漏，氨气检测仪发生报警。

（二）应急组织与职责

1. 应急处置小组组成

组长：×××

副组长：×××

成员：×××、×××、×××等。

2. 工作职责

（1）组长负责了解和掌握事故现场情况，及时向上级汇报，在上级应急指挥机构到达前负责指挥和组织现场抢救。

（2）副组长负责协助组长开展应急抢救工作。

（3）事故现场人员负责组织开展前期现场抢救。

（4）各部门/小组负责人、安全管理人员负责维护现场秩序、保护事发现场。

（5）现场代班人员在遇到险情时，有第一时间下达停产撤人命令的直接决策权和指挥权。

（三）应急处置

1. 事故应急处置程序

（1）应急职责与工作职责紧密结合，第一发现者进行事故初步判断、依据事故现场必要信息明确报警、立即启动应急处置措施，按照本应急处置预案所提供的方法进行自救或实施救护。

（2）在紧急抢救的同时，事故现场人员应立即报告本项目的应急处置小组，应急处置小组根据事故的大小和发展态势启动本项目部相应级别的应急预案。

（3）当事故超出本项目部应急处置能力时，应立即向当地政府有关部门及上级主管部门请求支援。

2. 现场应急处置措施

（1）发生氨中毒事故，制冷操作人员应立即停止压缩机运行。

（2）救援组人员佩戴防毒面具和正压式呼吸器进入现场实施救助。同时疏散组人员将周围人员疏散至上风口安全区域。

（3）进入现场排险人员必须保证两人及两人以上，戴上防护面具进入机房关闭设备供液阀门。将氨中毒人员转移到事故现场外的上风口空气新鲜的场所进行抢救。

3. 中毒人员的急救措施

（1）当氨液溅到衣服和皮肤上时，应立即把被氨液溅湿的衣服脱去，用水或2%硼酸水冲洗皮肤，注意水温不得超过46 ℃，切忌干加热，当解冻后，再涂上消毒凡士林植物油脂或者万花油。

（2）当呼吸道受氨气刺激引起严重咳嗽时可用湿毛巾或用水弄

湿衣服，捂住口鼻，由于氨易溶于水，因此可显著减轻刺激作用；或用食醋把毛巾弄湿，再捂住口鼻，由于醋蒸汽与氨发生中和作用，使氨变成中性盐，这样，也可减轻氨对呼吸道的刺激和中毒程度。

（3）当呼吸道受刺激较大而且中毒比较严重时，可用硼酸水滴鼻漱口，并给中毒者饮入 0.5% 的柠檬酸水、柠檬汁或食用醋，但切勿饮白开水，因氨易溶于水会助长氨的扩散。

（4）不论中毒或窒息程度轻重与否，均应将患者转移到新鲜空气处进行救护，防止继续吸入含氨的空气。

4. 事故报告

（1）事故发生后，由项目应急处置小组组长向上级主管单位汇报事故信息。

（2）事件报告要求事件信息准确完整，事件内容描述清晰。

（3）事件报告内容主要包括单位名称、地址、性质，事件发生时间、地点、已经造成或者可能造成的伤亡人数（包括下落不明、涉险的人数）等。

（四）注意事项

（1）使用防毒面具前需检查面具是否有裂痕、破口，确保面具与脸部贴合密封性；检查呼气阀片有无变形、破裂及裂缝；检查头带是否有弹性、滤毒盒座密封圈是否完好；检查滤毒盒是否在使用期内。

（2）使用防毒面具时将面具盖住口鼻，然后将头带框套拉至头顶；用双手将下面的头带拉向颈后，然后扣住；风干的面具请仔细检查连接部位及呼气阀、吸气阀的密合性，并将面具放于洁净的地方以便下次使用。

（3）使用空气呼吸器前进行气密性检查，按下供气阀上的黑色橡胶开关，打开瓶阀，待压力表达到满压（气瓶压力必须在 27 兆帕以上）后关闭气瓶阀，压力表指针 1 分钟内下降不应超过 1 兆帕。检查报警器，开关气瓶时听是否有提示报警。检查面罩，将面罩贴紧脸部，通过几次深呼吸检查面罩是否漏气，供气阀性能是否良好，呼吸是否畅通。

(4) 使用空气呼吸器过程中应多检查供气阀和面罩的连接是否牢固，及压力表所指示的气瓶压力是否正常，当听到余压报警时应马上撤离到安全区。

(五) 应急保障

(1) 应急联系表：匪警电话110、火警电话119、急救电话120，以及组内各成员的联系方式。

(2) 应急物资清单：医用急救箱、担架和应急照明灯等急救物资，应急救援车辆等。

七、中暑应急处置

(一) 突发事件特征

1. 事故类型

中暑分为先兆中暑、轻度中暑、重症中暑。

2. 危害程度

中暑是一种威胁生命的急诊病，若不给予及时的治疗，可引起抽搐、永久性脑损害或肾脏衰竭，严重者可导致死亡。

3. 事故征兆

中暑病人有发热、乏力、皮肤灼热、头晕、恶心、呕吐、胸闷、烦躁不安、脉搏细速、血压下降现象，重症病例可能有头痛剧烈、痉挛、虚脱及昏厥等现象。

(二) 应急组织与职责

1. 应急处置小组组成

组长：×××

副组长：×××

成员：×××、×××、×××等。

2. 工作职责

（1）组长负责了解和掌握事故现场情况，及时向上级汇报，在上级应急指挥机构到达前负责指挥和组织现场抢救。

（2）副组长负责协助组长开展应急抢救工作。

（3）事故现场人员负责组织开展前期现场抢救。

（4）各部门/小组负责人、安全管理人员负责维护现场秩序、保护事发现场。

（5）现场代班人员在遇到险情时，有第一时间下达停产撤人命令的直接决策权和指挥权。

（三）应急处置

1. 事故应急处置程序

（1）应急职责与工作职责紧密结合，第一发现者进行事故初步判断、依据事故现场必要信息明确报警、立即启动应急处置措施，按照本应急处置预案所提供的方法进行自救或实施救护。

（2）在紧急抢救的同时，事故现场人员应立即报告本项目的应急处置小组，应急处置小组根据事故的大小和发展态势启动本项目部相应级别的应急预案。

（3）当事故超出本项目部应急处置能力时，应立即向当地政府有关部门及上级主管部门请求支援。

2. 现场应急处置措施

（1）迅速将病人移至阴凉通风处，垫高头部，解开衣裤，以利于呼吸和散热。适当给予清凉含盐饮料。先用服用人丹、十滴水、解暑片、藿香正气丸或涂擦清凉油的方法，也可用刮痧疗法。

（2）用冷水（冰水或水中加少量酒精）迅速敷擦全身，使皮肤发红并加风扇降温，头部、颈侧、腋下及腹股沟部放水袋或冰袋，头部如能放置冰帽更好。同时用力按摩患者的四肢，以防止血液循环停滞。

（3）中暑严重时，拨打120同当地急救中心取得联系，详细说明事故地点、严重程度、联系电话，并派人到路口接应。

3. 事故报告

（1）事故发生后，由项目应急处置小组组长向上级主管单位汇报事故信息。

（2）事件报告要求事件信息准确完整，事件内容描述清晰。

（3）事件报告内容主要包括单位名称、地址、性质，事件发生时间、地点、已经造成或者可能造成的伤亡人数（包括下落不明、涉险的人数）等。

（四）注意事项

（1）发生中暑时，应尽快将中暑病人送医院急救，以免引起休克及肾脏衰竭等并发症。

（2）中暑治疗效果很大程度上取决于抢救是否及时，如能及时发现及治疗先兆中暑，完全可以防止中暑的发生及发展。

（3）备齐必要的应急救援物资，如车辆，人丹、十滴水、解暑片、藿香正气丸或清凉油等防中暑药品。

（五）应急保障

（1）应急联系表：匪警电话110、火警电话119、急救电话120，以及组内各成员的联系方式。

（2）应急物资清单：医用急救箱、担架和应急照明灯等急救物资，应急救援车辆等。

第五章　班组应急演练的组织与实施

应急演练是对一个企业或者部门的应急能力的综合检验，是以多种形式组织，由应急各方参加的预案训练和演练，使应急人员进入“实战”状态，熟悉各类应急处置和整个应急行动的程序，班组长在应急演练中应明确自身的职责，提高协同作战的能力，进而保证应急救援工作协调、有效、迅速地开展。同时，企业管理者应对演练的结果进行评估，分析应急预案存在的不足，并予以改进和完善。

国务院应急管理办公室印发的《突发事件应急演练指南》，对应急演练的目的、意义、策划、实施及总结评估等内容进行了明确的定义和规范。

第一节　应急演练的定义及意义

一、应急演练的定义

应急演练是指各级人民政府及其部门、企事业单位、社会团体等（以下统称演练组织单位）组织相关单位及人员，依据有关应急预案，模拟应对突发事件的活动。

二、应急演练的意义

（1）检验预案。通过开展应急演练，查找应急预案中存在的问题，进而完善应急预案，提高应急预案的实用性和可操作性。

（2）完善准备。通过开展应急演练，检查应对突发事件所需应急队伍、物资、装备、技术等方面的准备情况，发现不足及时予以调整补充，做好应急准备工作。

（3）锻炼队伍。通过开展应急演练，检验全体人员是否明确自己的职责和应急行动程序，以及反映队伍的协同反应水平和实战能力。

（4）磨合机制。通过开展应急演练，进一步明确相关单位和人员的职责任务，理顺工作关系，完善应急机制。

（5）科普宣教。通过开展应急演练，普及应急知识，提高公众风险防范意识和自救互救等灾害应对能力。

第二节　应急演练的形式

一、按组织形式划分，应急演练可分为桌面演练和实战演练

（一）桌面演练

桌面演练是指参演人员利用地图、沙盘、流程图、计算机模拟、视频会议等辅助手段，针对事先假定的演练情景，讨论和推演应急决策及现场处置的过程。桌面演练首先由应急指挥小组提出模拟的突发事件发生，呈现模拟应急事件场景（可以是图片、视频、音效等辅助手段，使桌面演练现场客观环境逼真），随后根据应急预案各个应急部门、小组立即响应。

桌面演练通常在室内完成，演练过程中由指挥小组提示各个部门响应前后顺序，各个响应小组口头响应应急措施。

（二）实战演练

实战演练是指参演人员针对事先设置的突发事件情景及其发展进程，使用与之对应的应急物资和装备，通过判断和处置，真实完成应急响应的过程。通过实战演练，能够检验和提高相关人员的临场组织

指挥、队伍调动、应急处置技能和后勤保障等应急能力。实战演练通常要在特定场所完成。

二、按内容划分，应急演练可分为单项演练和综合演练

（一）单项演练

单项演练是指只涉及应急预案中特定应急响应功能或现场处置方案中某些应急响应功能的演练活动。单项演练注重针对一个或少数几个参与单位（岗位）的特定环节和功能进行检验。

（二）综合演练

综合演练是指涉及应急预案中多项或全部应急响应功能的演练活动。综合演练注重对多个环节和功能进行检验，特别是注重对不同单位之间应急机制和联合应对能力的检验。

三、按目的与作用划分，应急演练可分为检验性演练、示范性演练和研究性演练

（一）检验性演练

检验性演练是指为检验应急预案的可行性、应急准备的充分性、应急机制的协调性及相关人员的应急处置能力而组织的演练。

（二）示范性演练

示范性演练是指为向观摩人员展示应急能力或提供示范教学，严格按照应急预案规定开展的表演性演练。

（三）研究性演练

研究性演练是指为研究和解决突发事件应急处置的重点、难点问题，试验新方案、新技术、新装备而组织的演练。

不同的演练类型相互组合，可以形成单项桌面演练、综合桌面演练、单项实战演练、综合实战演练、示范性单项演练、示范性综合演练等。

第三节　应急演练策划内容

一、成立演练工作组

演练应在相关预案确定的应急领导机构或指挥机构领导下组织开展。演练组织单位要成立由相关单位领导组成的演练领导小组，通常下设策划部、保障部和评估组。对于不同类型和规模的演练活动，其组织机构和职能可以适当调整。根据需要，可成立现场指挥部。应急演练各组织机构及职能介绍如下。

（一）演练领导小组

演练领导小组负责应急演练活动全过程的组织领导，审批决定演练的重大事项。演练领导小组组长一般由演练组织单位或其上级单位的负责人担任，副组长一般由演练组织单位或主要协办单位负责人担任，小组其他成员一般由各演练参与单位相关负责人担任。在演练实施阶段，演练领导小组组长、副组长通常分别担任演练总指挥、副总指挥。

（二）策划部

策划部负责应急演练策划、演练方案设计、演练实施的组织协调、演练评估总结等工作。策划部设总策划、副总策划，下设文案组、协调组、控制组、宣传组等。

1. 总策划、副总策划

总策划是演练准备、演练实施、演练总结等阶段各项工作的主要组织者，一般由演练组织单位具有应急演练组织经验和突发事件应急处置经验的人员担任；副总策划协助总策划开展工作，一般由演练组织单位或参与单位的有关人员担任。

2. 文案组

文案组在总策划的直接领导下，负责制定演练计划、设计演练方案、编写演练总结报告以及演练文档归档与备案等。其成员应具有一定的演练组织经验和突发事件应急处置经验。

3. 协调组

协调组负责与演练涉及的相关单位以及本单位有关部门之间的沟通协调，其成员一般为演练组织单位及参与单位的行政、外事等部门人员。

4. 控制组

在演练实施过程中，控制组在总策划的直接指挥下，负责向演练人员传送各类控制消息，引导应急演练进程按计划进行。其成员最好有一定的演练经验，也可以从其他组抽调，常称为演练控制人员。

5. 宣传组

宣传组负责编制演练宣传方案、整理演练信息、组织新闻媒体和开展新闻发布等。其成员一般是演练组织单位及参与单位宣传部门的人员。

（三）保障部

保障部负责调集演练所需物资装备，购置和制作演练模型、道具、场景，准备演练场地，维持演练现场秩序，保障运输车辆，保障人员生活和安全保卫等。其成员一般是演练组织单位及参与单位后勤、财务、办公等部门的人员，常称为后勤保障人员。

（四）评估组

评估组负责设计演练评估方案和编写演练评估报告，对演练准备、组织、实施及其安全事项等进行全过程、全方位评估，及时向演练领导小组、策划部和保障部提出意见、建议。其成员一般是应急管理专家、具有一定演练评估经验和突发事件应急处置经验的专业人员，常称为演练评估人员。评估组可由上级部门组织，也可由演练组织单位自行组织。

二、制定演练计划

演练计划由文案组编制，经策划部审查后报演练领导小组批准。制定演练计划的主要内容包括：

（1）确定演练目的，明确举办应急演练的原因、演练要解决的问题和期望达到的效果等。

（2）分析演练需求，在对事先设定事件的风险及应急预案进行认真分析的基础上，确定需调整的演练人员、需锻炼的技能、需检验的设备、需完善的应急处置流程和需进一步明确的职责等。

（3）确定演练范围，根据演练需求、经费、资源和时间等条件的限制，确定演练事件类型、等级、地域、参演机构及人数、演练方式等。演练需求和演练范围往往互为影响。

（4）安排演练准备与实施的日程计划，包括各种演练文件编写与审定的期限、物资器材准备的期限、演练实施的日期等。

（5）编制演练经费预算，明确演练经费筹措渠道。

第四节　应急演练的其他准备

一、人员准备

演练参与人员一般包括演练领导小组、演练总指挥、总策划、文案人员、控制人员、评估人员、保障人员、参演人员、模拟人员等，有时还会有观摩人员等其他人员。在演练的准备过程中，演练组织单位和参与单位应合理安排工作，保证相关人员参与演练活动的时间。

二、物资准备

根据演练需要，准备必要的演练材料、物资和器材，制作必要的模型设施等。物资准备的主要内容包括：

(1) 信息材料，主要包括应急预案和演练方案的纸质文本、演示文档、图表、地图、软件等。

(2) 物资设备，主要包括各种应急抢险物资、特种设备、办公设备、录音摄像设备、信息显示设备等。

(3) 通信器材，主要包括固定电话、移动电话、对讲机、海事电话、传真机、计算机、无线局域网、视频通信和其他配套器材，尽可能使用已有通信器材。

(4) 演练情景模型，搭建必要的模拟场景及装置设施。

三、技术准备

(一) 通信准备

应急演练过程中应急指挥机构、总策划、控制人员、参演人员、模拟人员等之间要有及时可靠的信息传递渠道。根据演练需要，可以采用多种公用或专用通信系统，必要时可组建演练专用通信与信息网络，确保演练控制信息的快速传递。

(二) 场地准备

根据演练方式和内容，经现场勘查后选择合适的演练场地。桌面演练一般可选择会议室或应急指挥中心等；实战演练应选择与实际情况相似的地点，并根据需要设置指挥部、集结点、接待站、供应站、救护站、停车场等设施。演练场地应有足够的空间，良好的交通、生活、卫生和安全条件，尽量避免干扰公众生产生活。

四、安全准备

演练组织单位要高度重视演练组织与实施全过程的安全保障工作。大型或高风险演练活动要按规定制定专门应急预案，采取预防措施，并对关键部位和环节可能出现的突发事件进行针对性演练。根据需要为演练人员配备个体防护装备，购买商业保险。对可能影响公众生活、易于引起公众误解和恐慌的应急演练，应提前向社会发布公告，告示演练内容、时间、地点和组织单位，并做好应对方案，避免造成负面影响。

安全是演练的基础，贯穿于演练活动的全部过程，演练的成功是以安全为前提的，参与演练的所有人不得采取降低保证本人或者公众安全条件的行动。在演练设计过程中，设计人员要时刻谨记安全，不能为了演练效果而设计存有安全问题的情景，不得接触不必要的危险，不得进入禁止入内的区域，不得破坏公共设施，不得随意穿越公路、铁道等。演练设计时不能刻意追求演练的真实性，而存在过分暴力和激烈冲突的情景。

演练现场要有必要的安保措施，必要时对演练现场进行封闭或管制，保证演练安全进行。演练出现意外情况时，演练总指挥与其他领导小组成员会商后可提前终止演练。

五、检查准备

在演练前一周进行通报，提醒参训人员有关注意事项，如演练当天正式就位时间、事故情景介绍、演练预计持续时间、演练现场布局情况、演练规则等；演练准备最后一环是演练前一天的现场检查，检查项目包括各主要通道是否通畅，各功能区界限是否清晰，各种演练器材是否到位等。

第五节　应急演练实施过程

一、演练动员和培训

在演练开始前要进行演练动员和培训，确保所有演练参与人员掌握演练规则、熟悉演练情景、明确各自在演练中的任务。

所有演练参与人员都要经过应急基本知识、演练基本概念、演练现场规则等方面的培训。对控制人员要进行岗位职责、演练过程控制和管理等方面的培训；对评估人员要进行岗位职责、演练评估方法、工具使用等方面的培训；对参演人员要进行应急预案、应急技能及个体防护装备使用等方面的培训。

二、演练开始

演练正式启动前一般要举行简短仪式，由演练总指挥宣布演练开始并启动演练活动。

三、演练执行

（一）演练指挥与行动

（1）演练总指挥负责演练实施全过程的指挥控制。当演练总指挥不兼任总策划时，一般由总指挥授权总策划对演练过程进行控制。

（2）按照演练方案要求，应急指挥机构指挥各参演队伍和人员，开展对模拟演练事件的应急处置行动，完成各项演练活动。

（3）演练控制人员应充分掌握演练方案，按总策划的要求，熟练发布控制信息，协调参演人员完成各项演练任务。

（4）参演人员根据控制消息和指令，按照演练方案规定的程序开展应急处置行动，完成各项演练活动。

（5）模拟人员按照演练方案要求，模拟未参加演练的单位或人员的行动，并作出信息反馈。

（二）演练过程控制

总策划负责按演练方案控制演练过程。

1. 桌面演练过程控制

在讨论式桌面演练中，演练活动主要是围绕所提出问题进行讨论。由总策划以口头或书面形式，部署引入一个或若干个问题。参演人员根据应急预案及有关规定，讨论应采取的行动。

在角色扮演或推演式桌面演练中，由总策划按照演练方案发出控制消息，参演人员接收到事件信息后，通过角色扮演或模拟操作，完成应急处置活动。

2. 实战演练过程控制

在实战演练中，要通过传递控制消息来控制演练进程。总策划按照演练方案发出控制消息，控制人员向参演人员和模拟人员传递控制消息。参演人员和模拟人员接收到信息后，按照发生真实事件时的应急处置程序，或根据应急行动方案，采取相应的应急处置行动。

控制消息可由人工传递，也可用对讲机、电话、手机、传真机、网络等方式传送，或者通过特定的声音、标志、视频等呈现。演练过程中，控制人员应随时掌握演练进展情况，并向总策划报告演练中出现的各种问题。

（三）演练解说

在演练实施过程中，演练组织单位可以安排专人对演练过程进行解说。解说内容一般包括演练背景描述、进程讲解、案例介绍、环境渲染等。对于有演练脚本的大型综合性示范演练，可按照脚本中的解说词进行讲解。

（四）演练记录

在演练实施过程中，一般要安排专门人员，采用文字、照片和音像等手段记录演练过程。文字记录一般可由评估人员完成，主要包括演练实际开始与结束时间、演练过程控制情况、各项演练活动中参演人员的表现、意外情况及其处置等内容，尤其要详细记录可能出现的人员“伤亡”（如进入“危险”场所而无安全防护，在规定的时间内不能完成疏散等）及财产“损失”等情况。

照片和音像记录可安排专业人员和宣传人员在不同现场、不同角度进行拍摄，尽可能全方位反映演练实施过程。

(五) 演练宣传报道

演练宣传组按照演练宣传方案做好演练宣传报道工作。认真做好信息采集、媒体组织、广播电视节目现场采编和播报等工作，扩大演练的宣传教育效果。对涉密应急演练要做好相关保密工作。

四、演练结束与终止

演练完毕，由总策划发出结束信号，演练总指挥宣布演练结束。演练结束后所有人员停止演练活动，按预定方案集合进行现场总结讲评或者组织疏散。保障部负责组织人员对演练场地进行清理和恢复。

演练实施过程中出现下列情况，经演练领导小组决定，由演练总指挥按照事先规定的程序和指令终止演练：

(1) 出现真实突发事件，需要参演人员参与应急处置时，要终止演练，使参演人员迅速回归其工作岗位，履行应急处置职责。

(2) 出现特殊或意外情况，短时间内不能妥善处理或解决时，可提前终止演练。

第六节　企业应急演练案例

一、某公司消防应急演练案例

(一) 演练背景

1. 危险分析

该公司是生产五金、塑料配件的大型企业，场内存有大量的纸箱等包装物、木卡板、塑料制品、塑料原料、易燃化学品等，这些物品在人员疏忽、操作失误、监管不力的情况下，发生火灾的危险性很大。由于该公司新工厂投产以来，塑料厂的消防等级在危险程度上比五金厂要高一级。环境的改变，加上全厂员工的大幅增加，急需一次应急演练；否则，危险来临时，不免会出现难以控制的局面以及严重的经济损失。并且急需一场应急演练验证当塑料车间出现紧急情况时人员安排和行动响应预案是否有效，以防事故发生时出现难以控制的局面以及严重的经济损失和人员伤亡。

2. 资源分析

该公司新厂房按照有关消防法规设计施工，安装有消防栓系统、自动喷淋系统，全厂按照灭火器配置标准配备有一定数量的灭火器，设施齐备。多年以来每年都进行一次消防演练，有应急救援组织、义务消防队，建立有应急响应制度，在运作上，有一定经验。配备有部分消防应急工具设备，比如防火服、防毒面具、消防头盔等消防应急必备物资。设有医疗救护室及有关应急药品等，配备专职厂医。

(二) 前期准备

(1) 对《重大事故应急准备与应急响应控制程序》予以培训。

① 对象：副主任以上全体人员。

② 要求：明确预案实施流程。

(2) 组织安全生产管理委员会全体成员就应急预案进行桌面演练。

① 对象：安委会主要成员。

② 时间：××××年××月××日。

③ 要求：全面了解演练的整个流程，提出可能存在的问题。对本次演练的方式方法应特别给予详细说明，确保分工明确，责任清晰。

(3) 各部门主管应根据公司文件及本预案组织人员制定相关应急行动方案。内容包括参加人员名单、组织结构、人员职责、物资准备、行动方法、注意事项等，安全组协助。方案编制完成后可以实施预演加以验证。生产部、注塑部、工程部、装配部、仓务部、总务部、车床部的应急方案应在系统管理部备案。

例如，××部门应急行动方案内容如下：

① 部门应急组织架构图及人员名单、职责。

② 根据公司演练预案检验要求应准备的物资。

③ 应急行动指南（参照《重大安全事故应急指引》）。

（4）主要生产部门预演。由于生产部、注塑部、工程部、装配部、仓务部、总务部、车床部等部门人员较多，范围较大，在演练中可能会出现异常情况，建议上述部门提前进行预演准备，以保证全厂演练的顺利进行。

（三）组织架构及职责

公司成立生产事故应急领导小组，由各分管领导组成，并选择一个领导任总指挥。

1. 应急领导小组职责

（1）检查督促做好重大事故的预防措施和应急救援的各项准备工作。

（2）组建应急救援队伍，并组织演练实施，总结应急救援工作中的不足、教训及成功经验。

（3）负责应急演练预案的制定、修订。

（4）组织指挥救援队伍实施救援活动，必要时向有关单位发出救援请求。

（5）发生事故时由总指挥或副总指挥发布和解除应急救援命令、信号。

2. 应急总指挥职责

（1）评估事件的规模，决定是否存在或可能存在重大紧急事故，并决定实施厂外应急计划。

（2）对整体活动给予指导和命令，实施应急步骤。

（3）接收撤离人员报来的撤离结果，决定是否需要进一步寻找和采取营救措施。

（4）当紧急情况结束时，对事件进行讲评，发出“紧急解除”信号。

3. 应急副总指挥职责

协助总指挥工作，当总指挥不在时履行其职责。

4. 现场指挥员职责

（1）检查和证实事故情况，将结果报告总指挥。

（2）当副总指挥不在时履行其职责。

（3）了解事故现场情况，迅速组织火情侦察，判明火场的主要方向，采取有效的扑救措施，根据救人和灭火的需要，布置和调整力量。

（4）向各组明确下达救人、救物和灭火、供水命令，并检查执行情况。

（5）组织义务消防员以及员工协同作战，必要时划分战斗区(片、段)，分别进行火场上的各项工作。

（6）根据灭火战斗需要，决定破拆建（构）筑物，调用灭火急需的工具、物资，通知有关部门救护伤员、增加水压、切断电源、关闭油（气）管道等。

5. 记录员职责

按顺序记录所有重要事件，对紧急情况作记录，并获得文件和照片。

6. 报警组职责

通知火警人员迅速准确、畅通有效地传达火情，可用“专线+对讲机+手机”方式进行。

7. 后勤保障组职责（组长×××，成员×××、×××、×××）

（1）负责抢险物资、器材器具的供应及后勤保障。

（2）建立集合场地，维护安全区的秩序。

（3）从主管处接收人数检查结果，并报告给总指挥。

（4）通过主管将各种指示传达给员工。

8. 灭火救援组职责（组长×××，成员×××、×××）

（1）明确自己的战斗任务，坚决执行应急指挥部和现场指挥员的命令；接到火警，第一时间赶到现场，从疏散楼梯快速上到着火层，迅速展开水带，接上水枪和消火栓，打开消火栓，开始灭火和控制火势蔓延；有人被困火中，首先以救人为第一目的；全体成员着战斗服。

（2）及时向应急指挥部报告火场情况。

9. 物资保障组职责（组长×××，成员×××、×××）

负责供电控制、水源保障。全体成员戴安全帽。

10. 安全保障组职责（组长×××，成员×××、×××）

（1）拉上警示线，保持大门入口处畅通。

（2）除消防及应急处理人员外，其他人员禁止进入警戒区。

11. 疏散引导组职责

1）组长（指经理、主管级管理人员）

（1）接到撤离通知时，指挥所有人员停止工作，关掉所有机器和设备。

（2）迅速而有序地将所有人员通过指定出口撤离到集合场地。

（3）保证所属区内的所有来访人员、合同方、员工一起撤离。

（4）一旦撤离到集合场所，即刻检查员工人数。

（5）向后勤保障组报告人数，报告失踪人员。

（6）等候指挥员的指令，并传达给员工。

2）成员

（1）保证所有人员撤离工作区。

（2）迅速检查负责区的洗手间、办公室、库房等，确保这些地方无遗留人员。

（3）离开前要关门但不要锁门。

（4）前往集合区，向主管报告本组人员状况。

12. 急救护理组职责（成员×××、×××）

（1）收集急救箱，到集合地点集合。

（2）给伤员提供救护，并记录所有伤员及给其提供的救助。

（3）如有需要，呼叫救护车。

（四）实施过程策划

某员工发现××部门（×栋×楼）发生火情，火势正迅速蔓延，伴随着浓烟，现场人员立即按下警铃发出警报，立即报告部门经理，并通知相关人员支持救火。火势逐渐扩大，部门经理（即部门总指挥）决定紧急启动部门重大事故应急救援预案。

1. 接警与通知

（1）任何人发现火情，立即按下附近消防警铃。

（2）立即电话通报公司前台。

（3）公司前台接到报警，迅速报告公司主要领导。

（4）立即全厂电话通报。

2. 指挥与控制

（1）公司总指挥接报，确认火情严重，宣布紧急启动公司应急预案。

（2）各应急救援小组奔赴各自岗位，履行各自职责，并听候现场指挥部指挥。

（3）总指挥按照现场情况决定是否拨打火警电话 119 向市消防局报警。

（4）指挥部根据现场紧急情况调用一切人员和物资做好疏散转移工作。

3. 人员疏散

1）目标

(1) 全厂员工5~7分钟全部撤离，疏散到行政楼前中心广场上。

(2) 10分钟内集中清点人数，上报总指挥。

(3) 一旦发现有人受伤，立即通知救护组准备救人。

2) 检验

(1) 是否在规定时间内撤离、疏散到指定位置。

(2) 是否在规定时间内上报人数。

(3) 是否有人失踪。

(4) 是否关闭车间动力和照明电源。

4. 灭火作战

1) 目标

义务消防队员分批次参与现场抢救，转移重要物资。

2) 检验

(1) 是否熟练操作消防器材（消防工具和消火栓）。

(2) 是否正确使用灭火器。

(3) 是否分为多个抢救梯队有组织地救火。

(4) 是否进行自我保护。

5. 伤员救护

模拟如下需要救护人员，检验是否有人对应：

(1) 有1人被严重烧伤，需要用担架紧急撤离火场。

(2) 有1人窒息，无呼吸、无心跳。

(3) 本环节检验时位置确定在主席台侧面。

6. 后勤保障

事故过程中，预计可能会发生其他状况，演练时应检验发生以下情况是否有人对应：

(1) 由于火势较大，可能发生电线短路等二次事故，急需关闭部分电路供电。

(2) 出现断水情况，消防用水需要保证。

（3）为防止火情蔓延，需要大量沙石建筑防火堤。

7. 现场恢复

演练结束后，总务部负责全厂清洁工作，并注意做到以下两点：

（1）注意现场恢复过程存在大量危险因素，如余烬复燃、受损建筑物倒塌等。

（2）维护现场，协助事故调查。

（五）演练评估和总结

（1）确定演练评价人员。经理级人员必须对整个演练进行评价。特别邀请客户作为观摩贵宾对演练进行评价，提出宝贵意见。

（2）评价人员应按照应急救援工作及时有效性的影响程度，把演练过程中发现的问题划分为三项填写：不足项、整改项、改进项。

（3）演练结束，评价人员应当填写演练评价报告，于演练翌日交系统管理部，以便综合评价演练的效果。应急演练结束后一周内系统管理部对演练效果作出客观评估，提交演练报告，详细说明演练过程中发现的问题。

（4）总经理选择适当时间在安全委员会会议上进行演练总结。

二、某公司员工食物中毒应急演练案例

（一）演练基础信息

名称：就餐员工发生集体食物中毒事件的应急演练处置方案。

时间：××××年××月××日。

地点：×××。

（二）准备工作

物资准备：食盐、温开水、十滴水、鲜姜汁、双排车 2 台、医务车 1 台、警车 1 台等。

人员准备：总指挥×××，成员×××、×××、×××，参演单位×××、×××。

（三）明确演练目的

（1）检验参演人员能否进入紧急运转状态，是否可以准时到达事故现场。

（2）检验相关单位和人员在事故发生初期，是否正确采取人员基础救护措施。

（3）检验在事故现场指挥员是否能正确正常指挥。

（四）演练过程策划

1. 演练发生与汇报

××××年××月××日，在×××的就餐人员有个别发生呕吐、恶心等疑似食物中毒现象。

餐厅管理员×××立即来到现场查看情况，并立即向×××调度汇报（电话：×××）："报告调度，我是×××，个别在我餐厅就餐人员发生了呕吐、恶心等疑似食物中毒现象，情况汇报完毕，请指示。"

×××调度向餐厅管理员指示："请将病人吃剩的食物、容器、餐具等和病人的排泄物（呕吐物、大便）等做好保留，以便防疫部门采样检验，为确定食物中毒提供可靠的依据，同时做好现场的监护和警戒，无关人员不得靠近，并拨打×××医院救援电话×××请求医护救援。若怀疑投毒则应向×××派出所报告备案×××。"

2. 启动应急预案

×××调度接到餐厅管理员汇报后，立即向×××应急救援小组组长、大队长×××汇报情况："报告×××，×××管理员×××于××时××分汇报，在×××的就餐人员有个别发生呕吐、恶心等疑似食物中毒现象，已通知将病人吃剩的食物、容器、餐具等和病人的排泄物（呕吐物、大便）等做好保留。同时拨打了×××医院救援电话，请求医护救援，并向派出所报告备案。并做好现场的监护和警戒，无关人员不得靠近。"组长回复调度："按正常程序启动《×××食物中毒事故应急预案》，通知应急小组成员到现场进行处置，并将情况汇报到×××、

×××。”

接到报告后，立即启动《×××突发事件应急预案》。

应急小组成员紧急集合，简短说明情况，带领相关人员向×××集结。

××时××分应急救援人员到达事故现场，疑似中毒人员正在接受救治，现场已警戒。

3. 开始抢险

1）成立现场指挥部

大队现场指挥人员达到现场后，立即成立现场指挥部，并分成四个小组：

（1）抢险实施组，组长×××，成员由×××、×××组成。

（2）治安保卫组，组长×××，成员由治保大队人员组成。

（3）舆情处理组，组长×××，成员由党委宣传科、安全环保监督科等组成。

（4）后勤保障组，组长×××，成员由×××、×××组成。

应急救援小组组长×××向赶到的现场指挥组成员汇报情况，向总指挥移交现场指挥权。

2）制定救治方案

（1）×××负责划定安全范围和疑似中毒人员的救治。

（2）治保大队做好现场警戒，禁止非抢险人员进入和靠近，禁止外来人员对事故进行录像、拍照等工作。

（3）×××人员落实抢险人员、抢险车辆到位情况。

（4）×××做好影音资料录制，并负责宣解、稳定工作。

3）组织实施抢救疑似中毒人员

（1）在医护人员未到达之前，餐厅管理人员已组织现场人员对疑似食物中毒当事人进行如催吐、导泻、解毒等应急处置措施，并等待急救人员到来。

(2) 在救治过程中，给病人以良好的护理，尽量使其安静，避免精神紧张，注意休息，防止受凉，同时补充足量的淡盐开水。如果经上述急救，病人的症状未见好转，或中毒较重者，应尽快送医院治疗。

(3) 若怀疑投毒，则向派出所报案，并做好相应的证据收集工作。

4. 抢险结束

在确认疑似中毒人员得到救治后，现场总指挥要求组织人员对现场进行清理，对重点部位进行检查，确认后汇报厂调度室。

现场总指挥宣布应急终止，×××继续做好善后事宜，各组清点好人员设备等，到现场指挥部集合。

5. 演练评估与总结

由评估组评估本次演练，总结本次演练的优缺点，提出整改措施。最后汇成演练评估报告，存入档案。

第六章　突发事件应急处置和急救

突发事件因其特有的突发性和不确定性，往往会在人们缺乏充分准备的情况下突然发生，并对公众生命、公共财产、公共环境、社会秩序和公众心理带来巨大的负面影响。如果不能及时有效地处理这些突发事件，就有可能会导致其他类型的衍生事故发生（如火灾引起的爆炸、毒气扩散等），进而带来更大的破坏和影响。因此，当这些事故或灾害不可能完全避免的时候，建立健全突发事件应急处置体系，组织及时有效的应急救援行动，将是抵御事故风险或控制灾害蔓延、降低危害后果的关键，甚至是唯一手段。作为企业生产活动的直接完成者，班组成员有必要掌握应对突发事件的应急处置措施以及相关的自救互救知识。

第一节　事故报告与现场处置

班组在生产中一旦发生事故，事故现场有关人员应当在第一时间向车间领导、公司安全管理部门报告事故情况。同时班组长应当根据事故相关应急预案启动现场响应，组织事故救援，减少人员伤亡和财产损失，并注意保护好事故现场以及有关证据。

一、信息报告与通知

根据《生产安全事故应急条例》第十四条规定，危化、矿山、冶金、交通（城市轨道）、建筑等高危行业实行领导值班和值班人员

24 小时在岗值班制度。同时应明确以下方面以做到应急信息的及时报告与通知：

（1）确定报警系统及程序。

（2）确定现场报警方式，如电话、警报器等。

（3）确定与相关部门的通信、联络方式。

（4）明确相互认可的通告、报警形式和内容。

（5）明确应急反应人员向外求援的方式。

现场人员发现事故苗头后立即向当班负责人报告；当班负责人在组织现场应急处置的同时向本车间负责人报告；本车间负责人接到事故报告后应立即赶赴现场查看，根据需要向总调度室报告。总调度室值班人员接到报警后立即安排相关职能部室人员赴现场查看事故发生部位及原因，并立即向应急指挥部、公司值班领导报告，根据需要通知各应急救援小组负责人，紧急情况下可越级上报。事故报警信息汇报流程图如图 6-1 所示。

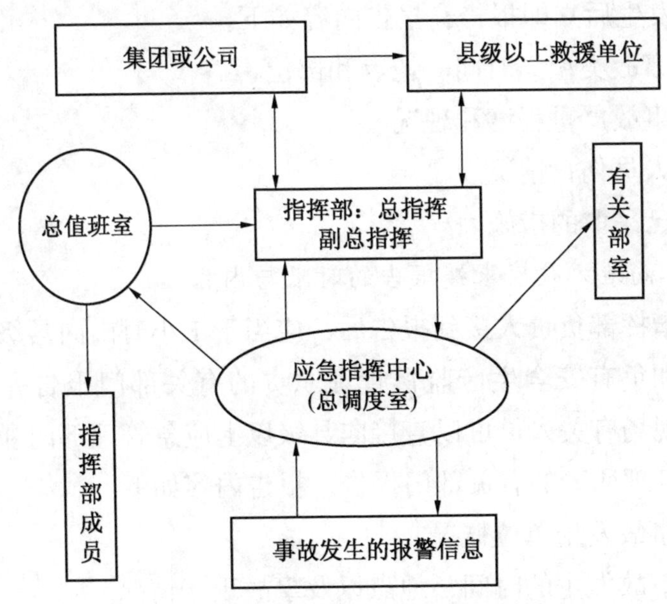

图 6-1　事故报警信息汇报流程图

各级应急部门接到事故报告后，必须立即对事故信息报告进行研判，对属于本级处置的，必须立即组织展开应急，通知相关应急力量，向所管辖组织发出应急通知和指令。同时按报告程序迅速将事故信息和处置情况上报上级部门。各级应急部门接到事故报告后，经研判，超出本级处置的，必须按报告程序迅速将事故信息上报上级部门。在上报信息的同时，必须立即组织本级及所辖部门展开应急响应、通知相关应急力量、向所管辖组织发出应急通知和指令。

二、信息上报

信息上报的主要任务是将事故情况简明扼要地通知上级领导或政府部门，以便组织突发事件的应急响应和后续的应急救援行动。信息上报的时限、内容要求如下。

（一）内部报告的时限与内容

事故发生后立即报告，报告内容如下：

（1）事故类型、时间、地点和部位。

（2）事故严重程度和现况。

（3）人员伤亡情况。

（4）已采取的措施。

（二）向地方政府求援报告的时限与内容

应急指挥部负责人接到报告后，应当于1小时内向县级以上应急管理部门和负有安全生产监督管理职责的有关部门报告。情况紧急时，事故现场有关人员可以直接向县级以上应急管理部门和负有安全生产监督管理职责的有关部门报告。报告内容如下：

（1）事故发生单位概况。

（2）事故发生的时间、地点以及事故现场情况。

（3）事故的简要经过。

(4) 事故已经造成或者可能造成的伤亡人数（包括下落不明的人数）和初步估计的直接经济损失。

(5) 已经采取的措施。

(6) 其他应当报告的情况。

三、信息传递

《国家突发公共事件总体应急预案》要求在事件发生的第一时间向社会发布简要信息，随后发布初步核实情况、政府应对措施和公众防范措施等，并根据事件处置情况做好后续发布工作。根据此要求，事故发生后，现场负责人应通过内部电话、固定电话、手机等通信手段，快速向应急指挥部汇报。由应急指挥部会同宣传部门对信息发布和新闻报道工作进行管理和协调，统一安排，及时、准确发布有关信息，澄清事实，解释疑惑，正确引导舆论导向。

在发布信息时，必须发布事态的紧急程度，提出撤离的具体方法和方式。同时在事故现场周围建立警戒区域，实施交通管制，防止与救援无关人员进入事故现场，保障救援队伍、物资运输和人群疏散等的交通畅通，并避免发生不必要的伤亡。

具体疏散的要求如下：

(1) 迅速将警戒区及事故灾害区非应急处理功能组的人员撤离。

(2) 按照火灾爆炸、中毒窒息等不同事故处理的要求，配备相应的专用应急救援器材，戴好个人防护用品或采用简易有效的防护措施，专人监护撤离。

(3) 公司各部门、班组的管理人员引导、护送，清查疏散人员到安全区（紧急集合点），转移时应朝上风方向，避开事故的扩散区域或火灾事故火焰辐射所涉及范围。

四、信息报告程序的主要内容

信息报告包括企业内部的事故信息报告与向地方政府部门的求援报告。信息报告主要是向外部组织（如媒体、公众）进行的事故通报。应急信息报告程序的主要内容为：①事故报告、报警；②通知企业人员；③通知外部机构；④建立与保持企业内的通信系统；⑤建立和保持与外部组织的通信联络；⑥向公众通报应急情况；⑦向媒体通报应急信息。

以下以某市燃气突发事件信息报告程序为例加以说明。

（1）一般燃气突发事件信息报告程序按日常值守程序执行。

（2）较大以上燃气突发事件发生后，燃气供应单位和属地区县政府应立即向市城市公共设施事故应急指挥部办公室报告，详细信息最迟不得超过1小时。

（3）发生在敏感地区、敏感时间或事件本身敏感的燃气突发事件信息的报送，不受分级标准限制，要立即上报市城市公共设施事故应急指挥部办公室，并由市城市公共设施事故应急指挥部办公室立即报市应急办。

（4）首报：对现场情况进行事态分析判断后上报相应部门。

（5）续报：燃气供应单位和属地政府根据事件过程，将事件发生、发展、处置结果等相关情况分阶段逐渐向市城市公共设施事故应急指挥部办公室报告，经过核实后视情况逐级上报。

（6）总报：燃气供应单位和属地政府在事件处置完毕后24小时内，将事件处置结果及事件情况分析正式报市城市公共设施事故应急指挥部办公室，审核后立即报市应急办备案。

（7）燃气突发事件中涉及的生产安全事故，应在事故发生后立即上报所在区县应急管理局，必要时可直接上报市应急管理局。

（8）信息报告的内容：

① 首报内容：事件发生的时间、地点、原因、时间类别、损失情况等。

② 续报内容：事件发展趋势、人员治疗与伤情变化情况、事故原因、已造成的损失或准备采取的处置措施等。

③ 总报内容：事件处理结果、整改情况等。

(9) 信息发布和媒体报道：

① 燃气突发事件的信息发布和新闻报道工作，应遵照国家相关法律法规等文件规定执行。

② 发生一般燃气突发事件，由市城市公共设施事故应急指挥部或属地区县政府成立宣传信息组，统一组织新闻发布工作。发生较大以上燃气突发事件的信息发布和新闻报道工作，由市城市公共设施事故应急指挥部成立宣传信息组，并指派专人负责新闻发布工作，及时、准确、客观、全面地发布有关燃气突发事件的信息。

五、班组事故现场响应与处置原则

(一) 以人为本，安全第一

把最大限度地预防和减少突发事故造成的人员伤亡作为首要任务，切实加强应急救援人员的安全防护。充分发挥从业人员自我防护的主观能动性，充分发挥专业救援力量的骨干作用。各成员按照各自职责和权限，负责突发事故的应急管理和应急处置工作，确保应急救援的科学、及时、有效。

(二) 预防为主，平战结合

坚持预防为主的方针，做好预防、预测和预警工作。做好常态下的风险评估、物资储备、队伍建设、装备完善、预案演练等工作。

(三) 迅速报告，主动抢救

发生事故后，事故现场有关人员应迅速将事故情况上报上级领导或当地政府部门，并在安全第一的原则下进行受伤人员的救援以及采取应急措施。

（四）保护现场、收集证据

必须根据事故现场的具体情况和周围环境，划定保护区的范围，设置警戒，必要时，将事故现场封锁起来，禁止一切人员进入保护区。特殊情况下需要移动事故现场物件的，必须经过事故单位负责人或组织事故调查的监督管理部门和负有应急管理职责的有关部门的同意，同时应当作出标记，做好记录。

（五）依靠各级政府及地方应急管理部门的领导和支持

根据救援工作的需要，可汇报当地政府、部门协调调动其他组织的救援力量增援。

六、现场应急响应

不同等级的突发事件应有着不同的响应级别，根据突发事件确定科学的分级标准，按照突发事件可控性、严重程度和影响范围，分为一般（Ⅳ级）、较大（Ⅲ级）、重大（Ⅱ级）、特别重大（Ⅰ级）四级，见表6-1。

表6-1　应急响应分级表

响应等级	具体内容
一般（Ⅳ级）	发生或者可能发生一般事故时启动Ⅳ级响应
较大 （Ⅲ级）	出现下列情况之一启动Ⅲ级响应： （1）造成3人以上、10人以下死亡（含失踪），或危及10人以上、30人以下生产安全，或者30人以上、50人以下中毒（重伤），或者直接经济损失较大的生产安全事故。 （2）超出县级人民政府应急处置能力的生产安全事故。 （3）跨县级行政区的生产安全事故。 （4）市（地、州）人民政府认为有必要响应的生产安全事故

表6-1（续）

响应等级	具　体　内　容
重大 （Ⅱ级）	出现下列情况之一启动Ⅱ级响应： （1）造成10人以上、30人以下死亡（含失踪），或危及10人以上、30人以下生命安全，或者50人以上、100人以下中毒（重伤），或者直接经济损失5000万元以上、1亿元以下的生产安全事故。 （2）超出市（地、州）人民政府应急处置能力的生产安全事故。 （3）跨市、地级行政区的生产安全事故。 （4）省（区、市）人民政府认为有必要响应的生产安全事故
特别重大 （Ⅰ级）	出现下列情况之一启动Ⅰ级响应： （1）造成30人以上死亡（含失踪），或危及30人以上生命安全，或者100人以上中毒（重伤），或者直接经济损失1亿元以上的特别重大生产安全事故。 （2）需要紧急转移安置10万人以上的生产安全事故。 （3）超出省（区、市）人民政府应急处置能力的生产安全事故。 （4）跨省级行政区、跨领域（行业和部门）的生产安全事故。 （5）国务院领导认为需要国务院安委会响应的生产安全事故

根据事故严重后果和可能的发展趋势判断，启动相应级别的应急响应行动，不同的响应级别其应急处置主体也不同，具体内容如下：

Ⅰ级响应，上级管理公司为处置事件的主体，公司在上级管理公司的总体协调和指导下进行应急响应和处置。

Ⅱ级响应、Ⅲ级响应，公司为处置事件的主体，由公司应急工作小组进行应急响应和处置，并及时报告处置情况。

Ⅳ级响应，由事件发生的监理项目部进行应急响应和处置，并及时报告处置情况，公司的应急工作小组指导或参与突发事件处置工作。

现场应急处置措施的制定和实施包括以下内容。

（一）初始评估

事故应急的第一步工作是对事故情况的初始评估。初始评估应描述最初应急者在事故发生后几分钟里观察到的现场情况，包括事故范围和扩展的潜在可能性，人员伤亡，财产损失情况，以及是否需要外界援助。初始评估是由应急指挥者和应急人员共同决策的结果，可以使用下述LOCATE因素分析方法和DECIDE方法进行初始评估。

LOCATE因素分析方法描述了在初始评价阶段需要考虑的问题，见表6-2。

表6-2　LOCATE因素分析方法

因　素	扩　　展
生命（Life）	危险区人员以及如何保护应急者、雇员和附近居民的生命安全
影响程度（Occupancy）	事故范围与破坏车辆、储槽、管道和其他设备的情况
建筑（Construction）	结构尺寸、高度和类型
附近区域（Area）	在直接区域和周边区域需要的保护
时间（Time）	日期、季节、火灾燃烧泄漏持续时间、到行动之前有多长时间
暴露（Exposure）	在事故中有什么是需要保护的，比如人员、建筑、附近区域、环境

DECIDE方法描述了在初始评价阶段应该采取的行动，见表6-3。

表6-3　DECIDE 方 法

行　动	扩　　展
探测（Detect）	探测何种危险物质存在
估计（Estimate）	估计在各种情况下的危害
选择（Choose）	选择应急的目标
确定（Identify）	确定行动
行动（Do）	做最好的选择
评价（Evaluate）	评价进展

（二）建立现场工作区域

在初始评估阶段，另一项重要的任务是建立一个现场工作区域。在这个区域明确不同职责的应急人员可以进行工作的区域范围，这样有利于应急行动的开展和有效控制设备进出，并且能够统计进出事故现场的人员。根据事故的危害、天气条件（特别是风向）和位置（工作区域和人员位置要高于事故地点），可将受影响区域划分为三类工作区域，即危险区域、缓冲区域、安全区域，如图6-2所示。

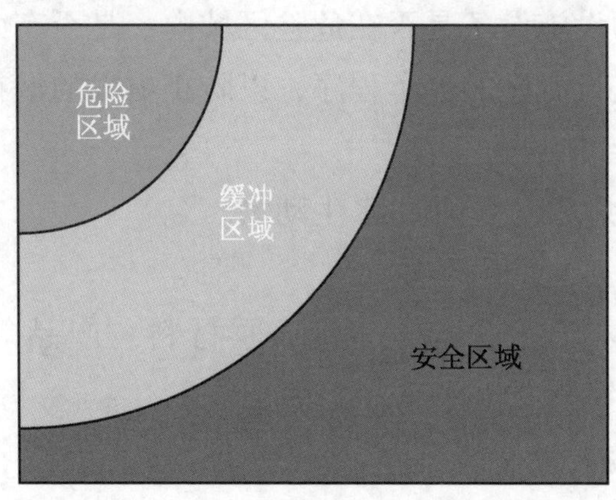

图6-2 受影响区域分区图

危险区域是指把一般人员排除在外的区域，是事故发生的地方。它的范围取决于事故级别的范围以及清除行动的执行，因为此区域危险性比较高，只有受过正规训练和有特殊装备的应急操作人员能够在这个区域作业。所有进入这个区域的人员必须在安全人员和指挥者的控制下工作。除此之外，还应设定一个可以在紧急情况下得到后援人员帮助的紧急入口。

环绕危险区域的是缓冲区域，也是进行净化和限制通过的区域。在这里污染将会受到净化，可称之为人口通道，只有受过训练的净化人员和安全人员可以在这里工作。

安全区域也叫做支持区域，这个区域是指挥和准备区域。它必须是安全的，只有应急人员和必要的专家能在这个区域。

(三) 确定重点保护区域

通过事故后果模型和接触危险物质浓度，应急指挥者能够估计出事故影响的区域，在这个区域内，需要考虑下列因素。

1. 人员接触

哪些人最可能接触危险，影响程度，达到危险浓度的时间。

2. 事故现场内重要设施设备

任何重要的设施设备是否在危险区域内；是否有必要在危险区域内对重要设施进行有序的停车程序，以防止更大的潜在危险。

3. 周边及生态环境

土壤，野生动物，渔业，水生动物。

4. 财产

现场内的财产（设备、车辆、原材料、产品等），现场外的财产。

5. 现场外的关键系统

可能受到事故影响的主要运输系统、公用水、电、气、通信服务系统等。

6. 应急人员的工作区域

指挥中心，准备区域，支援的路线。

(四) 防护行动

防护行动的目的在于保护应急中企业人员和附近公众的生命和健康。这些行动常包括以下内容。

1. 搜寻和营救行动

此类行动通常由消防队或救护队执行。如果人员受伤、失踪或困在建筑和单元中，就需要启动搜寻和营救行动。

进行营救行动的人员最好是成对工作，同时为了保证安全以及救援行动的顺利进行，应该穿戴防护服，在有必要的情况下应该配备自持式呼吸器。在建筑或单元中的营救行动是极困难和危险的，所以执行速度至关重要。内部营救常要求移动受害者身体，因为他们可能已经被烟或气体熏倒昏迷。这种行动大多需要小队联合行动，也可能要求其他小队提供水喷淋掩护以减少热影响和驱散气体，在行动过程中随时进行通信联络是绝对必要的。此外，在进行营救行动前或过程中，需要实施防护行动，例如切断动力、隔离单元或灭火。

2. 人员查点

重大事故的应急响应可能要求所有企业人员实行防护行动。无论采取什么行动，不能使任何人被遗漏，这十分重要，要求在应急时进行人员查点。

当进行疏散行动时，企业每个单元或建筑应该派有疏散监督管理员。这些人通常是没有其他专门职责的企业员工，他们负责向其他员工报警和在疏散最初阶段负责查找人员，当决定放弃单元或建筑时，他们应该保证没有人被遗漏。在这种事故发生时，他们应该指挥关闭所有设备、设施、空调和通风系统，同时检查所有房屋（包括可能遗漏的区域，如厕所），引导员工到集合点。这些疏散监管员应该熟悉内部报警系统（如不同的警笛声调）和集合地点，指挥人员按预定逃生路线疏散。当然最好的情况是所有员工都能辨认警报，并知道集合点和熟悉逃跑路线和总体疏散程序。

非应急人员的集合点应该预先指定。但是有可能事故的发展或者环境的变化会导致原有的集合点变得不再安全，这时应及时指定其他的集合点，逃生路线和替代逃生路线也应该事前确定出来。天气条件特别是风向，将决定最合适的逃跑路线，同时疏散的指挥人员应该使用工厂报警系统，向工厂不同位置通报上述信息。

如果可能发生毒物泄漏的危险，应该设置专用避难所作为指定集合点，并且应该制定专门程序减小人员到达避难所前的风险。

3. 疏散

1）企业内人员疏散

在重大事故发生时，可能要求从事故影响区疏散企业人员到其他区域。有时甚至要求全企业人员除了负责控制事故的应急人员都必须疏散。小企业或事故迅速恶化时，可直接进行全体疏散。被影响区无关人员应该首先撤离，接着是当全面停车时的剩余工人撤离，应急人员和监督者最后撤离。所有人员都应该熟悉疏散的相关信息，同时单元操作人员应根据上级指示关闭特定设施和设备。

现场疏散的实际计划通常与企业大小、类型和位置有关。应事先确定出通知企业员工疏散的方法、主要或替换集合点、疏散路线和查点所有员工的程序。

如果发生毒气泄漏，应该设计转移企业人员的逃生方法，特别是对于泄漏影响地区。所有在影响区域的人员都应配备应急逃生呼吸器，如果有毒物质泄漏能透过皮肤进入身体，还应该提供其他防护设备。人员应该横向穿过泄漏区下风以减少在危险区的暴露时间。逃生路线、集合点和企业地图应该在整个企业内设置，并清楚标识出来。此外，晚上应保证照明充足，便于安全逃生。企业内应该设置风标和南北指示标志，以便让人员辨识逃生方向。

2）企业外人员疏散

在紧急情况尤其是发生毒物泄漏时，企业经理或应急指挥者的首要任务是向外报警并建议政府主管部门采取行动保护公众。接到企业通报，地方政府主管部门应决定是否启动企业外应急行动，协调并接管应急总指挥的职责。

迅速有效地对公众通报应急信息是十分重要的，可采用报警器如警笛系统和无线电广播系统，也非常有效。通报的应急信息应该能提醒和通知大众该做什么。如果建议进行疏散，后勤问题难度会很快升级。例如，通常是在下风向数公里区域内开始疏散，在大城市地区需要疏散人群数目会很大，要求更多时间。没有组织周密的计划，结果可能是灾难性的。

为了建立有效疏散计划，企业管理层不能单独行动。企业管理层应该积极与地方政府主管部门合作，制定应急预案保护公众免受突发事件的危害。

4. 避难

当毒物泄漏时，一般有两类保护人员的方法：疏散或安全避难。要根据泄漏类型和有关标准选择正确的保护方案。

当人员受到毒物泄漏的威胁，且疏散又不可行时，短期安全避难可给人员提供临时保护。如果有毒气体渗入量在标准范围内，大多建筑都可提供一定程度保护，行政管理楼内也可设置避难所。

短期避难所通常是具有空气供给的密封室，空气可由瓶装压缩空气提供。一般控制室设计为短期避难所，使操作人员在情况紧急时安全使用。有些控制室如果为保证有序停车防止发生更大事故，需要设置防止有毒气体渗入的设施。选择短期避难所的另一原因是人员到达可长期避难场所的距离过远，或因缺少替代疏散路线而不能安全疏散。

指挥者根据事故区域大小、相对距离的远近和主导风向，为其员工选择短期避难所。避难所不应过远，使人员不能及时到达。在选定某建筑作为短期避难所前，指挥者应该考虑一下其设计特点：①结构良好，没有明显的洞、裂口或其他可能使危险气体进入内部的结构弱点；②门窗有良好的密封；③通风系统可控制。

在短期避难所内不能长期驻留。如果需要长期避难设施，在计划和设计时必须保证安全的室内空气供给和其他支持系统。在许多情况下（如快速、短暂的气体泄漏等），采取安全避难是一个很有效的方法，特别是与疏散相比它具有实施所需时间少的优点。

5. 警戒和管制

按照划定的事故现场范围，根据各自的职责执行方案，协调或者配合公安、消防、交警、应急管理等部门做好事故现场的安全警戒和保卫工作。

（五）应急救援行动的支援

支援行动是当实施应急救援预案时，需要援助事故反应行动和防护行动的行动。这种活动可以包括对伤员的医疗救治，建立临时区，企业外部调入资源，与临近企业应急机构和地方政府应急机构协调，提供疏散人员的社会服务、企业重新入驻以及在应急结束后的恢复等。

1. 医疗救治

许多人员和组织可提供应急医疗救治和医疗援助：

（1）接受过急救和心脏恢复培训的应急反应人员。

（2）企业医生或护士。

（3）当地医生、护士和其他医疗人员。

（4）当地救护公司。

（5）来自附近企业的医疗人员和其他救援小组。

（6）当地卫生部门官员。

（7）医疗设备和医药供应商。

（8）毒物控制中心。

2. 临时区行动

临时区是应急救援活动后勤运作的活动区域，临时区行动包括以下操作：

（1）接收、临时储存和给应急救援人员分发后勤物资。

（2）应急部署前集合企业外应急人员。

（3）停放所有运输车辆、救护车、起重机械、消防车和其他来到现场的车辆。

(4) 提供直升机的降落场地。

(5) 建立非污染区。

临时区不应该离事故现场太远，当然也要考虑安全，可位于应急指挥中心附近，同时应该让所有有关人员知道，要张贴标识以指示应急人员。临时区应该有充足的车位，保证应急车辆自由移动。应设置保卫防止无关人员进入此区域。临时区选址时要考虑保证电力照明和水源充足。

临时区的一个很重要任务是保存物资清单，包括收到什么、发放给应急人员什么。企业应急指挥必须知道现有物资、设备和需求，这样可及时提出申请。临时区常用的供应物资、设备包括呼吸器、灭火剂、泡沫、水管、水枪、检测器、挖土和筑堤设备、吸收剂、照明设备、发电机、便携式无线电和其他通信设备、重型设备和车辆、特种工具、堵漏设备、食物、饮料、卫生设施、衣物、汽油、柴油。

3. 互助与协调外部机构行动

附近企业经常是拥有技术、人员、物资和设备的另一个资源。其他当地外部机构只有事先介入计划才能有效合作。可以成立互助协会，成员单位事先知道能提供什么合作和由谁提供。

4. 执勤和社会服务

应急时事故影响区的值勤主要由保安和当地公安部门负责。他们的主要任务是防止无关人员和旁观者进入企业或事故现场，指挥交通以保证公众安全，保护应急行动。企业保安也要控制人员进入应急指挥中心、新闻发布室、有重要记录和商业秘密的敏感地区。

全体应急时，当地警方有指挥疏散和在疏散区执法（防止抢劫）的任务，这些在政府应急预案中应有详细说明。

社会服务如对事故受害者家属的援助或对疏散者的帮助应该在政府主管部门的直接指挥下进行，编制地方政府应急预案时应予以考虑。对企业员工的其他救助可由企业管理层通过人事部门和当地志愿组织提供。

5. 恢复和重新进入现场

从应急到恢复和重新进入现场，需要编制专门程序，根据事故类型和损害严重程度，具体问题具体解决。主要考虑如下内容：

（1）组织重新进入人员。

（2）调查损坏区域。

（3）宣布紧急结束。

（4）开始对事故原因调查。

（5）评价企业损失。

（6）转移必要操作设备到其他位置。

（7）清理损坏区域。

（8）恢复损坏区的水、电等供应。

（9）清除废墟。

（10）抢救被事故损坏的物资和设备。

（11）恢复被事故影响的设备、设施。

（12）解决保险和损坏赔偿。

当应急结束，企业应急总指挥应该委派有关人员重新入驻，清理重大破坏地区和保证恢复操作的安全。根据危险的性质和事故大小，重新入驻人员可能不同，可包括应急人员，企业技术、工程、抢修人员。重新入驻人员的安全应该得到保证，如果危险，入驻人员应佩带个人防护设备。重新入驻人员要直接观察现场和采取适当措施后才能进入破坏区域。

进入现场的人员应将发现的情况及时通知企业应急指挥，由其决定是否宣布应急结束。只有在所有火灾扑灭、没有点燃危险存在、所有气体泄漏物质已经被隔离和剩余气体被驱散时，才可以宣布结束应急状态。

发生小型应急事故时，可以及时指示企业人员重新进入建筑或企业单元，并恢复正常操作。发生重大事故时，应急指挥者可能决定暂不允许大多数员工进入。人事部门负责通知员工什么时候可以开始工作。

事故调查应该尽早进行，并应严格遵守有关事故调查处理法规和标准。

如果事故涉及有毒或易燃物质，清理工作必须在进行其他恢复工作之前进行。消除污染包括建立临时净化单元如洗池，用于清除场所内所有有毒物质和使用前的处理。

水、电供应的恢复只有在对企业彻底检查之后才能开始，以保证不会产生新危险。恢复工作的最终目的是恢复到企业原有状况或更好，所需时间进程、费用和劳动力与事故的严重程度有关。无论怎样，从事故中吸取教训是极为重要的，包括重新安装防止类似事故发生的装置，这也是审查应急反应预案、评价应急行动有效性的一个因素。通过加入新的内容，改善原应急预案，提高事故预防水平。

（六）事故发生后的响应与处置

1. 事故现场抢险

事故现场抢险是指事故发生后，为了遏制事故的发展，减少人员、财产损失，降低环境污染，消除危害后果而采取的有效应急措施。

1）准备

（1）从事事故抢险的作业人员应具备的基本条件：高中或中专以上学历，身体健康，从事事故应急抢险处置相关工作三年以上经历。

（2）事故抢险人员的专业技能培训：危险化学品（危险物质）理论学习，相关法律法规、技术标准和规范的学习，现场抢险技术的学习，事故抢险装备器材的使用操作训练，模拟训练。

（3）事故现场抢险准备工作内容：安全防护，现场组织指挥，事故了解，抢险救援实施准备。

2）流程

事故现场抢险流程如图 6-3 所示。

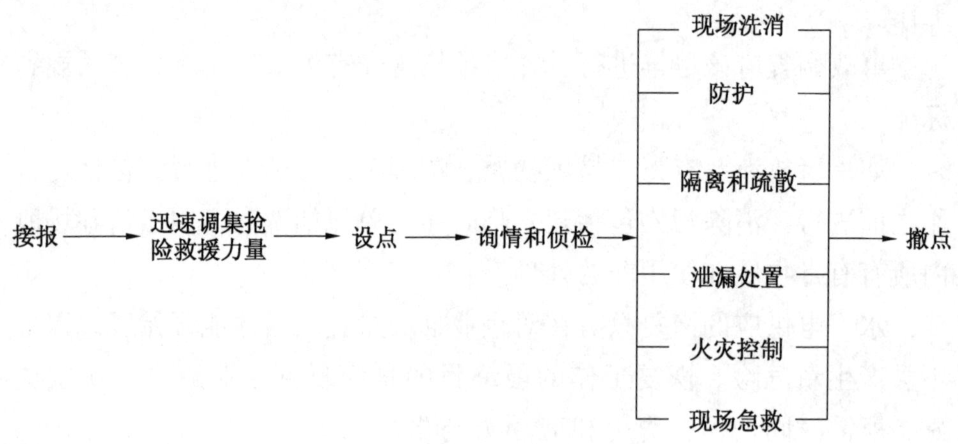

图 6-3　事故现场抢险流程

3）现场控制与安排

为了保证应急响应活动的顺利进行，需要对工作区域采取一定的现场控制，以下几种现场控制的方法，可根据事故情况选用：

（1）警戒线控制法：防止意外，保证救援顺利实施。

（2）区域控制法：区域内问题较多，存在优先处置安排顺序问题。

（3）遮盖控制法：保护现场和证据的一种方法。

（4）以物围圈控制法：防止重要物证被破坏或危害后果扩大。

（5）定位控制法：如用鲜艳的小旗对死者、重要物证和重要痕迹进行标注。

2. 现场侦检、现场隔离及疏散危险区域确定

1）现场侦检

现场侦检是利用各种手段措施准确查明造成化学事故的危险物质的种类及事故因素的变化，为及时处置事故提供科学依据。现场侦检

的手段主要有三种：

（1）非器材检判法，可利用各种感觉器官（如鼻、眼、皮肤等）感触被检物质的存在，也可利用动物的嗅觉或植物表皮的损伤来检测有毒有害化学物质。

（2）便携式检测仪器侦检法，包括有毒有害气体监测器、分光光度法等便携式仪器侦检法，电学、光学类气体传感器、AAS（原子吸收光谱分析法）等侦检法。

（3）化学侦检法，如试纸法、侦检粉法、检测管法等。

2）现场隔离及疏散危险区域确定

隔离事故现场，建立警戒区。根据现场侦检的数据，可将事故现场危险区域划分为四个区域，见表6-4，根据分区确定人员的疏散范围以及现场工作区域。

表6-4　疏散危险区域分区

分　区	分　区　依　据
重度危险区	该区为半致死区，由某种危险化学品对人体的 LCT_{50}（半致死剂量）确定
中度危险区	该区为半失能区，由某种危险化学品对人体的 ICT_{50}（半失能剂量）确定
轻度危险区	该区为中毒区，由某种危险化学品对人体的 PCT_{50}（半中毒剂量）确定
吸入反应区	该区指 PC_{50} 等浓度曲线到稍高于车间最高允许浓度的区域范围

3. 现场人员安全防护技术

由于大多数化学物质的毒性对人体作用途径主要有口腔、呼吸道与皮肤，所以，目前关于人员的防护设备主要包括眼面部、躯干防护用品和护肤用品。

眼面部防护用品是预防烟雾、尘粒、金属火花和飞屑、热、电磁辐射、激光、化学飞溅物等因素伤害眼睛或面部的个人防护用品。眼面部防护用品种类很多，根据防护功能，大致可分为防尘、防水、防冲击、防高温、防电磁辐射、防射线、防化学飞溅、防风沙、防强光9类。目前我国普遍生产和使用的眼面部防护用品主要有焊接护目镜和面罩、炉窑护目镜和面罩、防冲击眼护具、微波防护镜等类别。

躯干防护用品就是通常讲的防护服。根据防化功能，防护服分为一般防护服、防水服、防寒服、防砸背心、防毒服、阻燃服、防静电服、防电磁辐射服、耐酸碱服、防油服、水上救生衣、防昆虫服、防风沙服等，每一类又可根据具体防护要求或材料分为不同品种。例如，半封闭防化服（轻型防化服、简易防化服）通常应用于炼钢厂、石油化工厂、电信、航空等；全密闭防化服主要是进入化学危险物品或腐蚀性物品火灾或事故现场，以及有毒有害气体或事故现场，寻找火源或事故点，抢救遇难人员，进行灭火战斗和抢险救援时穿着的防护服装；重型防化服采用经阻燃层处理的锦丝绸布，双面涂覆阻燃防化面胶，制成遇火只产生碳化，不产生融滴。

护肤用品用于防止皮肤（主要是面、手等外露部分）免受化学、物理等因素的危害。按照防护功能，护肤用品分为防毒、防腐、放射线、防油漆及其他类。

不同的防护用品具有不同的防护等级，大致可分为三级，见表6-5。同时根据事故现场的危险分区，不同危险分区的抢险人员可穿戴不同等级的防护用品，具体分配方案见表6-6。

表6-5 防护用品分级

级别	形式	防化服	防护服	防护面具
一级	全身	内置式重型防化服	全棉防静电内外衣	正压式空气呼吸器或全防型滤毒罐

表6-5（续）

级别	形式	防化服	防护服	防护面具
二级	全身	封闭性防化服	全棉防静电内外衣	正压式空气呼吸器或全防型滤毒罐
三级	呼吸	简易防化服	战斗服	简易滤毒罐、面罩或口罩、毛巾等防护器材

表6-6 不同等级危险区域防护用品分配表

毒性	重度危险区	中度危险区	轻度危险区
剧毒	一级	一级	二级
高毒	一级	一级	二级
中毒	一级	二级	二级
低毒	二级	三级	三级
微毒	二级	三级	三级

4. 泄漏事故的现场处置

泄漏是一种常见的现象，无处不在。泄漏所发生的部位是相当广泛的，几乎涉及所有的流体输送与储存的物体上。跑、冒、滴、漏是人们对各种泄漏形式的一种通俗说法，其实质就是泄漏，涵盖气体和液体泄漏。泄漏事故的现场处置主要有两个步骤。

1）控制措施

（1）关阀止漏。管道发生泄漏，泄漏点如处在阀门之后且阀门尚未损坏则可用。

（2）带压堵漏。管道、阀门或容器壁发生泄漏，且泄漏点处在阀门以前或阀门损坏则可用。

（3）倒罐。通过输送设备和管道将泄漏内部的液体倒入其他容器、储罐中。

（4）转移。液体泄漏严重而无法堵漏或倒罐时，应及时将事故装置转移到安全地点。

（5）点燃。

2）泄漏物处置

（1）围堤堵截和挖掘沟槽。常用的围堤有环形、直线形等。

（2）稀释与覆盖。为减少大气污染，通常采用水枪或消防水带向有害物蒸气云喷射雾状水，加速气体向高空扩散，使其在安全地带扩散。对于可燃物，也可以在现场施放大量水蒸气或氮气，破坏燃烧条件。

（3）收容。对于大量液体泄漏，可选择用隔膜泵将泄漏出的物料抽入容器内或槽车内，再进行其他处理；对于少量泄漏，可用沙子、吸附材料、中和材料等吸收中和。

（4）固化。通过加入能与泄漏物发生化学反应的固化剂或稳定剂使泄漏转化成稳定形式，以便于处理、运输和处置。常用固化剂有水泥、凝胶、石灰。

（5）低温冷却。将冷冻剂散布于整个泄漏物的表面上，减少有害泄漏物的挥发。常用冷冻剂有二氧化碳、液氮、干冰。

（6）废弃。将收集的泄漏物运至废物处理场所处置，并用消防水冲洗剩下的少量物料。

5. 事故现场的洗消技术

洗消就是对危险化学品造成污染的消除。洗消的对象是染毒人员、器材、毒源和污染区。洗消的方法主要有物理洗消法和化学洗消法。物理洗消法主要有：利用通风、日晒、雨淋等自然条件使毒物自行蒸发、散失及被水解；用水浸泡、蒸、煮沸或直接用大量的水冲洗染毒体；利用棉纱、纱布等浸以汽油、煤油、酒精等溶剂，溶解染毒体表面毒物；对液体及固体污染源采用封闭掩埋或将毒物移走的方法。化学洗消法主要是基于化学反应利用各种中和剂与化学物质生成无害的物质，如水、弱酸性溶液可作氨气的中和剂，苏打等碱性溶液可作一氧化碳的中和剂。

第二节　应急救援基础知识

事故的应急救援是指通过事故发生前的计划，在事故发生后充分利用一切可能的力量，能够迅速控制事故的发展，保护现场和场外的人员的安全，将事故对人员、财产环境造成的损失降到最低程度的过程。

一、事故应急救援的重要性与紧迫性

当今社会科学技术的飞速发展，一方面给人类提供了更多更好的物质生活条件，另一方面现代化大生产又隐藏着非常严重的事故危害。特别是化学工业在生产、储存过程中大量使用、处理易燃易爆、有毒物料，随着近年来我国化工生产装置的日益大型化、复杂化，一旦发生火灾、爆炸、中毒等事故，造成的危害将十分巨大，给人民生命和财产带来巨大损失。

20 世纪 80 年代以来，相继发生了一系列的灾难性工业事故。据国际劳工组织统计，每年有 130 多万名工人死于意外事故和与工作有关的疾病，造成的经济损失大约占国内生产总值的 4%。近几年随着我国经济的高速发展，各类事故高居不下，每年交通和工伤事故死亡达 10 余万人，每年发生一次死亡 10 人以上事故 100 多起，重大、特大事故频繁发生，阻碍了我国社会经济的可持续性发展。

工业化国家的数据统计资料表明：有效的应急救援系统可以将事故的损失降低到无应急系统的 6%。事实上，应急救援系统的建立与有效运转不仅是社会文明的象征，也是国家综合实力的指标。有效的应急救援除了能迅速控制事态发展和减少事故以外，对预防事故有着

重要作用，也有助于提高全社会的风险防范意识，同时是重大危险源控制系统的重要组成部分。

二、事故应急救援的基本任务

（1）立即组织营救受害人员，组织撤离或者采取其他措施保护危害区域内的其他人员，抢救受害人员是应急救援的首要任务。在应急救援行动中，快速、有序、有效地实施现场急救与安全转送伤员，是降低伤亡率、减少事故损失的关键。

（2）迅速控制危险源（危险状况），并对事故造成的危害进行监测、检测，测定事故的危害区域和危害性质及危害程度。及时控制住造成事故的危险源是应急救援工作的重要任务。只有及时地控制住危险源，控制事故的不断扩展，才能有利于应急救援工作的开展。

（3）做好现场清洁和现场恢复，消除危害后果。针对事故对人体、动植物、土壤、空气等造成的现实危害和可能的危害，迅速采取封闭、隔离、洗消、监测等措施，防止对人的继续危害和对环境的污染。

（4）查清事故原因，评估危害程度。总结事故规律，制定有针对性的防控措施以避免类似事故的发生。

三、事故应急救援的特点

应急救援工作涉及技术事故、自然灾害（引发）、城市生命线、重大工程、公共活动场所、公共交通、公共卫生和人为突发事故等多个公共安全领域，构成了一个复杂的系统，具有不确定性、突发性、复杂性，后果易猝变、激化和放大的特点。

（一）不确定性、突发性

不确定性、突发性是各类突发事件的特征，在爆发前基本没有明显征兆，且一旦发生，发展蔓延迅速，甚至失控。因此，要求应急行动也必须在极短的时间内在事故的第一现场作出有效反应，在事故造成重大灾难后果之前采取有效的行动、措施。

（二）复杂性

应急救援活动的复杂性主要体现在：事故、灾害或事件影响因素与演变规律的不确定性和不可预见的多变性；来自不同部门的参与救援活动的单位，在信息沟通、行动协调与指挥、授权与职责等方面的有效组织与管理的复杂性；现场处置措施的复杂性；应急响应过程中人员的反应、恐慌心理、过激等突发行为的复杂性等。

（三）后果易猝变、激化和放大

应急处理稍有不慎，就有可能改变事故状态、灾害与事件的性质，使平稳、有序、和平状态向动态、混乱和冲突方面发展，引起波及范围扩大，受影响人群数量增加；造成失控的状态，不但迫使应急响应升级，甚至可能导致社会性危机出现，使人们陷入巨大的动荡与恐慌中。

四、应急救援体系

应急救援体系是指为在风险事件（突发事件、事故）发生的紧急状态下尽可能消除、减少或降低其（可能）带来的各种损失，针对人们的组织管理活动等所制定的一系列相互联系或相互作用的要求而形成的有机统一整体。

（一）基本构成

由于潜在的重大事故风险多种多样，所以相应每一类事故灾难的应急救援措施可能千差万别，但其基本应急模式是一致的。构建应急救援体系，应贯彻顶层设计和系统论的思想，以事件为中心，以功能为基础，分析和明确应急救援工作的各项需求，在应急能力评估和应急资源统筹安排的基础上，科学地建立规范化、标准化的应急救援体系，保障各级应急救援体系的统一和协调。应急救援体系构成如图

6-4所示。

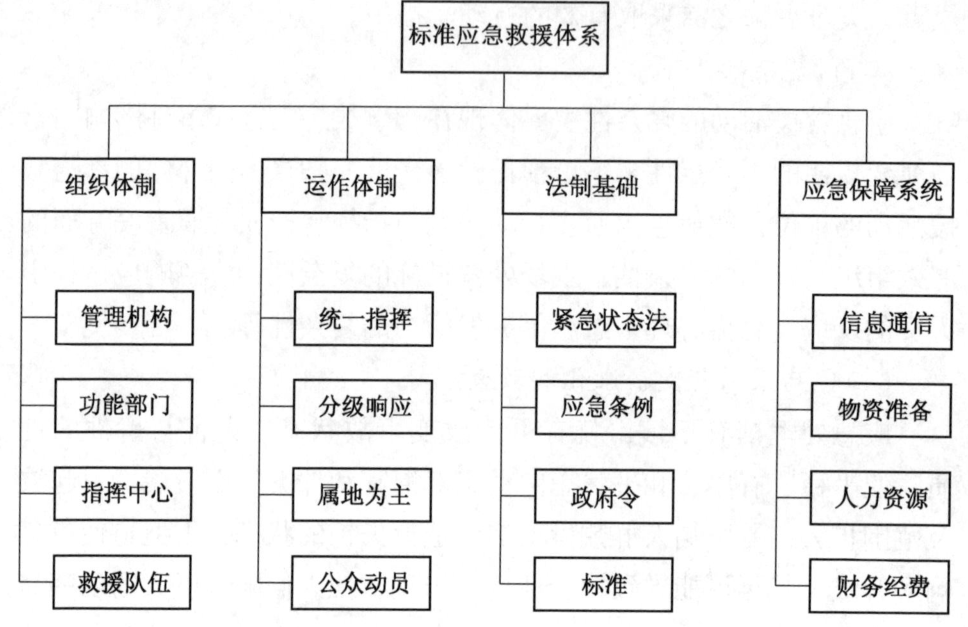

图 6-4　应急救援体系构成

（二）响应程序

事故应急响应程序按过程可分为接警、响应级别确定、应急启动、救援行动、应急恢复和应急结束等过程，如图 6-5 所示。

（1）接警与响应级别确定。接到事故报警后，按照工作程序，对警情作出判断，初步确定相应的响应级别。如果事故不足以启动应急救援体系的最低响应级别，响应关闭。

（2）应急启动。应急响应级别确定后，按所确定的响应级别启动应急程序，如通知应急中心有关人员到位、开通信息与通信网络、通知调配救援所需的应急资源（包括应急队伍、应急物资、应急装备等）、成立现场指挥部等。

（3）救援行动。有关应急队伍进入事故现场后，迅速开展事故侦测、警戒、疏散、人员救助、工程抢险等有关应急救援工作，专家

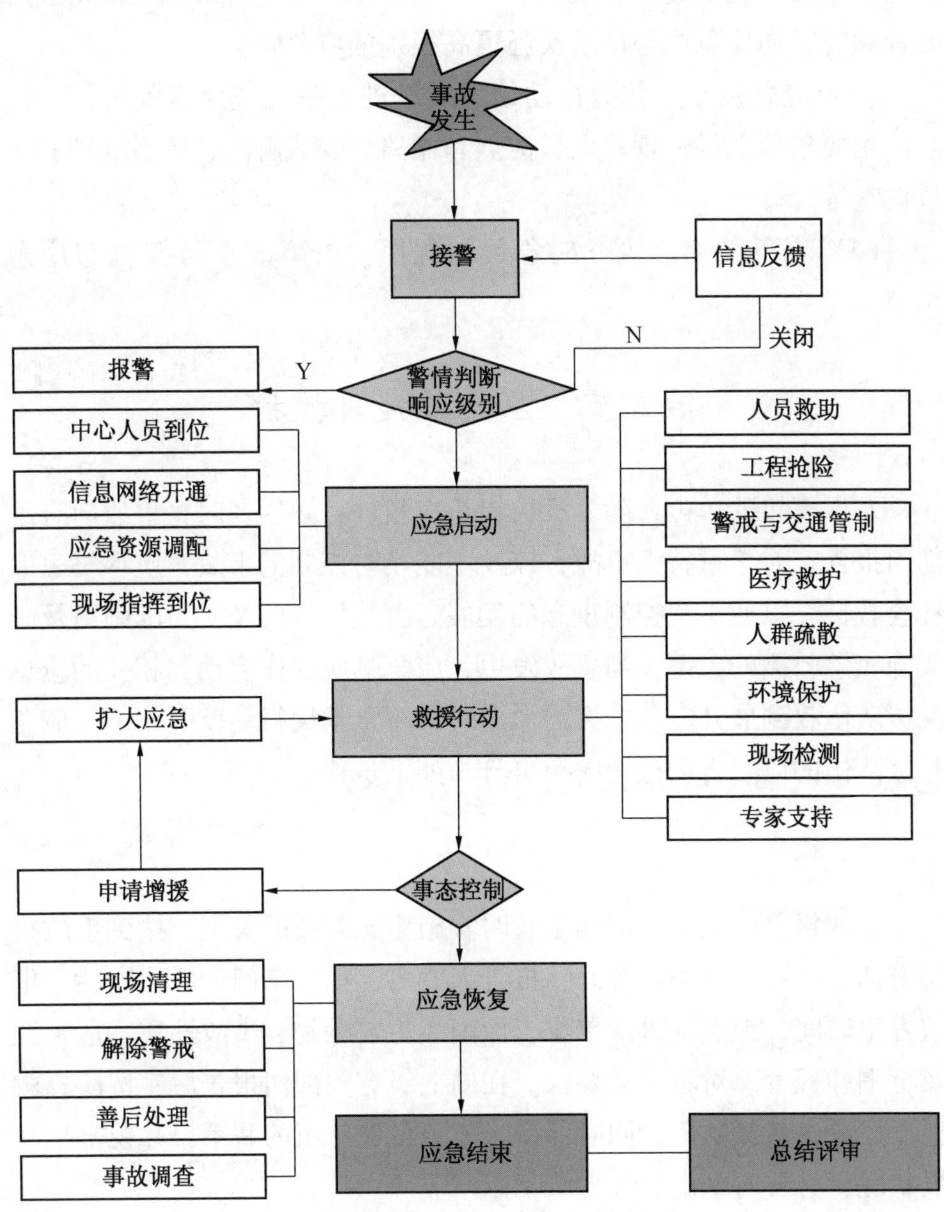

图 6-5　事故应急响应程序

组为救援决策提供建议和技术支持。当事态超出响应级别无法得到有效控制时，向应急中心请求实施更高级别的应急响应。

（4）应急恢复。救援行动结束后，进入临时应急恢复阶段。该阶段主要包括现场清理、人员清点和撤离、警戒解除、善后处理和事故调查等。

（5）应急结束。执行应急关闭程序，由事故总指挥宣布应急结束。

第三节　应急救援与救护

发生事故的单位，除了积极组织自救外，必须及时将事故向有关部门报告。对于重特大事故，以及不能及时控制的事故，应尽早争取社会救援，以便尽快控制事态的发展。事故报警的及时与准确是及时实施应急救援的关键，当事故发生，应急响应程序启动，相关的应急救援队伍收到展开应急救援的命令时，应急救援行动就开始了。应急救援队伍的应急行动过程大致可分为如下步骤。

一、接报

事故报警的及时与准确是及时实施应急救援的关键。接到事故报警电话，需要了解的内容有：报告人姓名、单位部门和联系电话，事故发生时间、地点、事故单位、原因、主要毒物、事故性质、危害波及范围和程度、对救援的要求。在向上级有关部门报告后，按应急救援程序派出救援队伍，同时保持与应急救援队伍的联系，并视事故发展状况，必要时派出后继梯队予以增援。

二、设点

指挥部、救援和急救医疗点的位置，一般选在上风向的非污染区域，需注意不要远离事故现场，同时应便于人员行动或伤员的急救。为了方便救援人员和伤员识别，均应设置醒目的标志。

三、报到

各救援队伍进入救援现场后，向现场指挥部报到。其目的是接受任务，了解现场情况，便于统一实施救援工作。

四、救援

每个人应根据各自的职责和任务尽快开展工作。例如，现场救援指挥部主要负责通信网络的搭建，制定救援方案和组织指挥救援行动；工程救援队应尽快控制危险，协助组织群众撤离和疏散，并做好毒物的洗消工作；现场急救医疗队主要对伤员进行医学救护以及为现场救援指挥部提供医学咨询；侦检队应快速鉴定危险源的性质及危害程度，测定事故的危害区域，提供有关数据。

五、撤点

撤点指应急救援工作结束后，离开现场或救援后的临时性转移。在救援行动中应随时注意气象和事故发展的变化，一旦发现所处的区域有危险时，应立即向安全区转移。转移过程中应注意安全，保持联系。救援工作结束后，各救援队撤离之前应取得现场救援指挥部的同意，撤离前做好现场的清理工作。

六、总结

每一次执行救援任务后都应做好救援小结，总结经验与教训，积累经验。

第四节 事故现场的自救与互救

当发生事故后，应急救援队伍不能立即到达事故地点。实践证明，事故现场人员如能在事故初期及时采取措施，正确开展自救互救，可以降低事故危害程度，减少人员伤亡。现场急救的关键在于"及时"，很多情况下，及时、适当的急救，能起到挽救生命、减少损失的关键作用。

一、事故现场自救互救常识

（一）心肺复苏术

心肺复苏术能使某些心跳、呼吸已停止的"死者""死而复生"，使心脏和肺重新工作。远离医院的现场，应立即对突发心跳停止或呼吸停止的病人使用胸外心脏按压和人工呼吸方法，争分夺秒，在现场抢救往往能挽救病人的生命。在心跳停止后 4 分钟内开始复苏者可能有一半人可救活；在心跳停止后 4~6 分钟开始复苏者，仅 10% 可以救活；超过 6 分钟开始复苏者，仅 4% 可存活；10 分钟以上开始复苏者，几乎无存活可能。所以，必须争分夺秒，尽最大努力，在心跳、呼吸停止后有限的几分钟内开始有效复苏。

1. 心肺复苏术的要点

（1）发现患者倒地，立即呼叫患者、轻拍患者的肩膀，判断患者意识。

（2）如发现患者无反应、无呼吸，应立即拨打急救电话，对患者实施心肺复苏术。

（3）将患者转移到平坦地面或硬纸板上进行施救。

（4）10 秒钟内同时检查呼吸和脉搏。

2. 心肺复苏术的步骤

（1）胸外按压。急救者可采用跪式或踏脚凳等不同体位，将一只手的掌根放在患者胸部的中央，胸骨下半部上，将另一只手的掌根置于第一只手上，手指不接触胸壁。按压时双肘须伸直，垂直向下用力按压。胸外按压如图 6-6 所示。

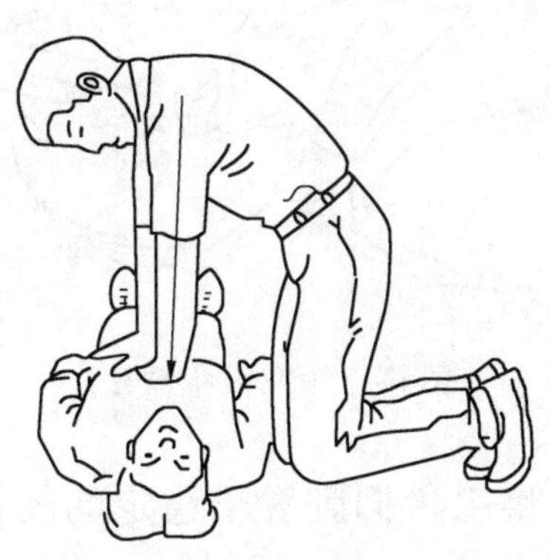

图 6-6　胸外按压

成人按压频率为 100~120 次/分钟，下压深度 5~6 厘米，每次按压之后应让胸廓完全恢复。按压时间与放松时间各占 50% 左右，放松时掌根部不能离开胸壁，以免按压点移位。如双人或多人施救，应每 2 分钟或 5 个周期心肺复苏术（每个周期包括 30 次按压和 2 次人工呼吸）更换按压者，并在 5 秒钟内完成转换。因为研究表明，在按压开始 1~2 分钟后，操作者按压的质量就开始下降（表现为频率和幅度以及胸壁复位情况均不理想）。

（2）开放气道。有两种方法可以开放气道，提供人工呼吸：仰头抬颏法和推举下颌法。

仰头抬颏法要领：将一只手置于患者的前额，然后用手掌推动，使其头部后仰；将另一只手的手指置于颏骨附近的下颌下方；提起下颌，使颏骨上抬。注意在开放气道同时应该用手指挖出病人口中异物或呕吐物，有假牙者应取出假牙。仰头抬颏法如图 6-7 所示。

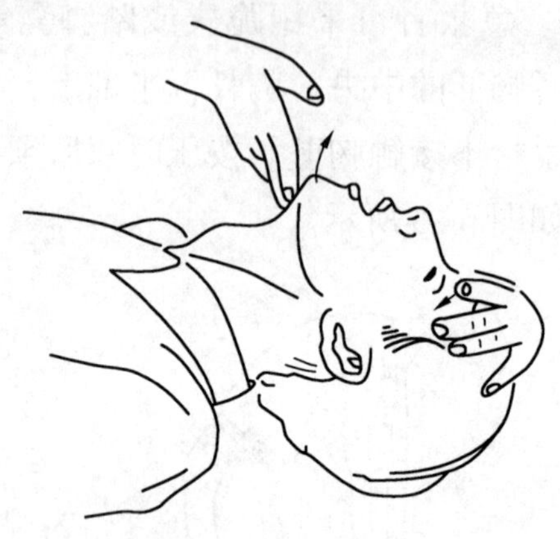

图 6-7　仰头抬颏法

（3）人工呼吸。将患者仰卧置于稳定的硬板上，托住颈部并使头后仰，用手指清洁其口腔，以清除气道异物，急救者以右手拇指和食指捏紧病人的鼻孔，用自己的双唇把病人的口完全包绕，然后吹气 1 秒以上，使胸廓扩张；吹气毕，施救者松开捏鼻孔的手，让患者的胸廓及肺依靠其弹性自主回缩呼气，同时均匀吸气，以上步骤再重复一次。口对口人工呼吸如图 6-8 所示。

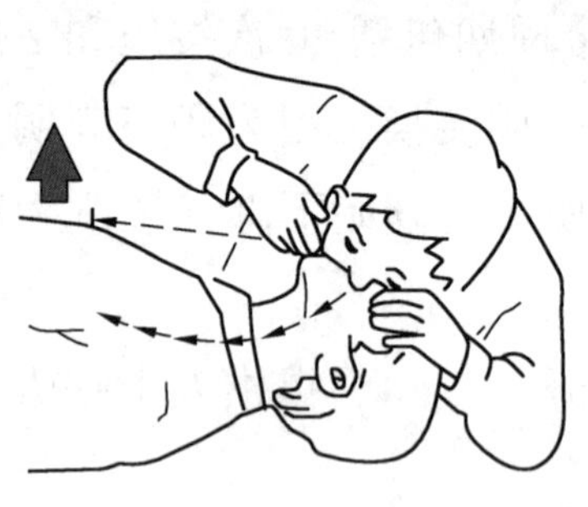

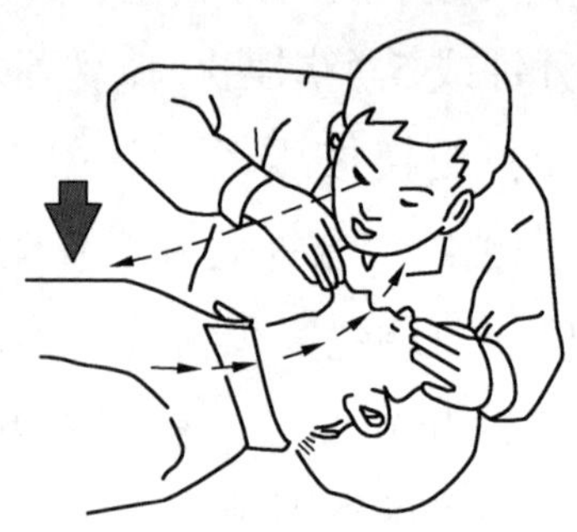

图 6-8　口对口人工呼吸

（4）注意事项：给予人工呼吸前，正常吸气即可，无须深吸气；所有人工呼吸（无论是口对口、口对面罩）均应该持续吹气 1 秒以上，保证有足够量的气体进入并使胸廓起伏；如第一次人工呼吸未能使胸廓起伏，可再次用仰头抬颏法开放气道，给予第二次通气；过度通气（多次吹气或吹入气量过大）可能有害，应避免。如患者面部受伤会妨碍口对口人工呼吸，可进行口对鼻通气。深呼吸一次并将嘴封住患者的鼻子，抬高患者的下巴并封住口唇，对患者的鼻子深吹一口气，移开救护者的嘴并用手将受伤者的嘴敞开，这样气体可以出来。但是要注意，通气时不需要停止胸外按压。

（5）心肺复苏终止指标：①患者呼吸和循环已有效恢复；②在常温下持续30分钟以上心肺复苏术，患者仍无心搏和自主呼吸；③专业医务人员到场或其他人员接替抢救。

（二）止血

遇外伤出血，应根据出血部位，采取不同的止血方法。一般小动脉和静脉出血采用加压包扎止血法，包扎时可用干净的纱布、棉花做成软垫放在伤口上，再用力加以包扎，以增大压力达到止血的目的。较大的动脉出血，应用止血带止血。在紧急情况下，须先用压迫法止血，然后再根据出血情况改用其他止血法。压迫法具体操作步骤如下：

（1）头顶及颞部（太阳穴部位）动脉出血，止血方法是用拇指或食指在耳前正对下颌关节处用力压迫。

（2）肋部及颜面部出血，止血方法是用拇指或食指在下颌角前约半寸外，将动脉血管压于下颌骨上。

（3）头、颈部大出血而采用其他止血方法无效时，止血方法是一手放于颈根部，拇指在前，其余四指在后。拇指触到颈总动脉搏动后即将颈总动脉压在第六颈椎横突上。但要注意，紧急时才能采用颈总动脉压迫法，只能压迫一侧，绝对禁止同时压迫两侧，以免引起脑缺血。

（4）腋窝、肩部及上肢出血，止血方法是用拇指在锁骨上凹摸到动脉跳动处，其余四指放在病人颈后，以拇指向下内方压向第一肋骨。

(5) 手、前臂及上臂下部的出血，止血方法是在病人上臂的前面或后面，用拇指或四指压迫上臂内侧动脉血管。

(三) 包扎

包扎是外伤现场应急处理的重要措施之一。及时正确的包扎，可以达到压迫止血、减少感染、保护伤口、减少疼痛，以及固定敷料和夹板等目的；相反，错误的包扎可导致出血增加、加重感染、造成新的伤害、遗留后遗症等不良后果。

伤口经过清洁处理后，要做好包扎。包扎时，要做到快、准、轻、牢：快，即动作敏捷迅速；准，即部位准确、严密；轻，即动作轻柔，不要碰撞伤口；牢，即包扎牢靠，不可过紧，以免影响血液循环，也不能过松，以免纱布脱落。

1. 创口贴包扎

创口贴包扎主要适用于伤口不深、出血不多且不需要缝合的小伤口。在用创口贴进行伤口的处理时要注意：创口贴要贴平整，同时不宜贴得太紧；保持伤口周围的干燥清洁；注意观察伤口变化，若 24 小时后伤口仍疼痛或者加重，并伴有红肿、有分泌物渗出等感染现象，应及时去医院诊治。

2. 绷带包扎

常用的绷带包扎法有环形包扎法、螺旋及螺旋反折包扎法、三角巾包扎法等。无论哪种包扎形式，均应环形起、环形止，松紧适当，平整无褶。具体操作方法如下：

(1) 环形包扎法。这是绷带包扎法中最基本最常用的，一般小伤口清洁后的包扎都是用此法。它还适用于颈部、头部、腿部以及胸腹等处。方法是：第一圈作稍倾斜缠绕，第二、三圈作环形缠绕，并将第一圈斜出的绷带交压于环形圈内，然后重复缠绕，最后在绷带尾端撕开打结固定，或用别针、胶带固定。

（2）螺旋及螺旋反折包扎法。这种包扎法多用在粗细不同部位（如前臂、小腿等）的伤口包扎中。先作两圈环形固定，再作螺旋形包扎，待到渐粗处，一手拇指按住绷带上面，另一手将绷带自此点反折向下，此时绷带上缘变成下缘，后圈覆盖前圈 1/3 至 2/3。螺旋及螺旋反折包扎法如图 6-9 所示。

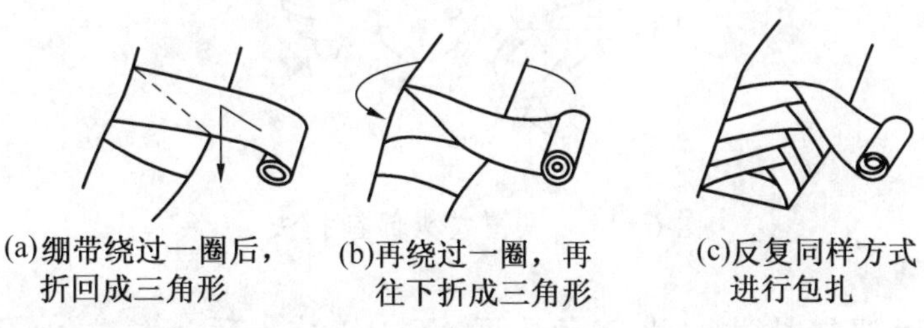

图 6-9　螺旋及螺旋反折包扎法

3. 三角巾包扎

对较大创面、固定夹板、手臂悬吊等，需用三角巾包扎法。三角巾包扎主要用于普通头部包扎、风帽式头部包扎、面部包扎、胸部包扎。除上述用法外，还可用于手、足部包扎，并对不便上绷带的伤口进行包扎和止血。

（1）普通头部包扎法。先将三角巾底边折叠，把三角巾底边放于前额拉到脑后，相交后先打一半结，再绕至前额打结。普通头部包扎法如图 6-10 所示。

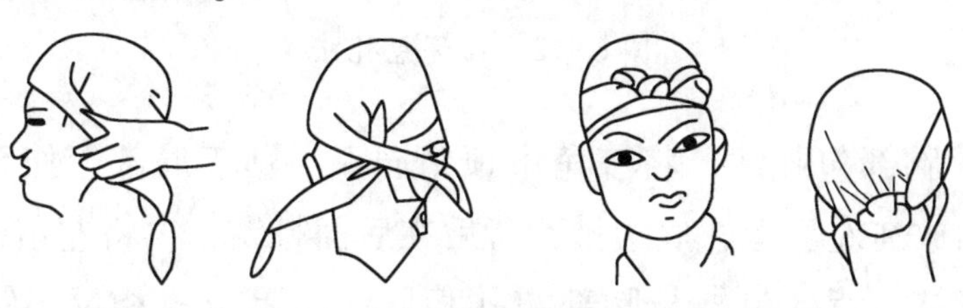

图 6-10　普通头部包扎法

（2）风帽式头部包扎法。将三角巾顶角和底边中央各打一结成风帽状。顶角放于额前，底边结放在后脑勺下方，包住头部，两角往面部拉紧向外反折包绕下颌。风帽式头部包扎法如图 6-11 所示。

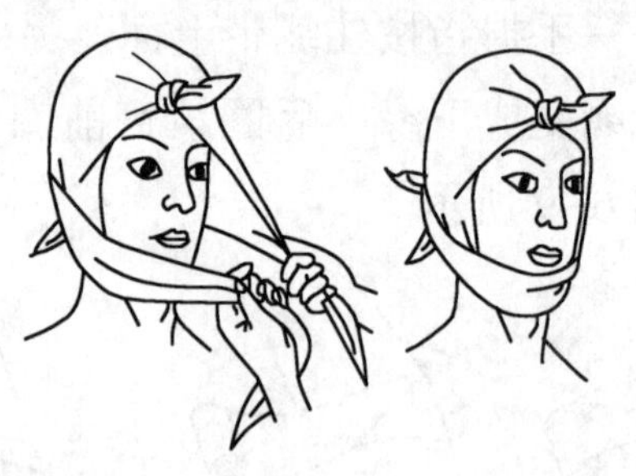

图 6-11　风帽式头部包扎法

（3）面部包扎法。将三角巾顶角打一结，适当位置剪孔（眼、鼻处），打结处放于头顶处，三角巾罩于面部，剪孔处正好露出眼、鼻，三角巾左右两角拉到颈后在前面打结。面部包扎法如图 6-12 所示。

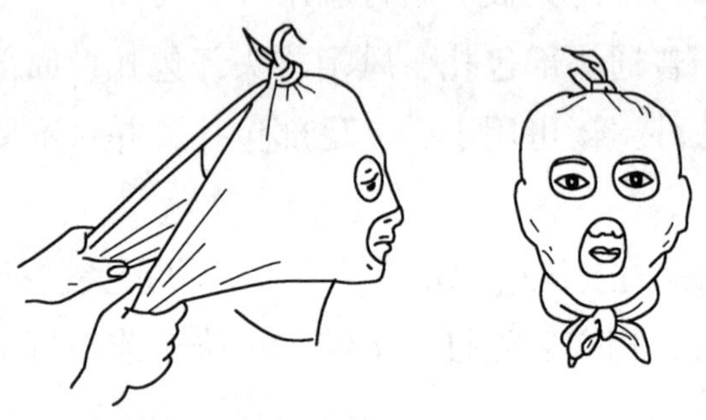

图 6-12　面部包扎法

（4）胸部包扎法。将三角巾顶角向上，贴于局部，如系右胸受伤，顶角放在左肩上，底边扯到背后在后面打结；再将左角拉到肩部与顶角打结。背部包扎与胸部包扎相同，只是位置相反，结打于胸部。胸部包扎法如图 6-13 所示。

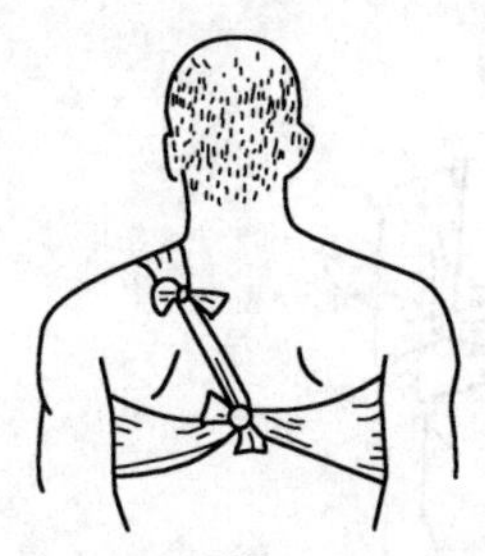
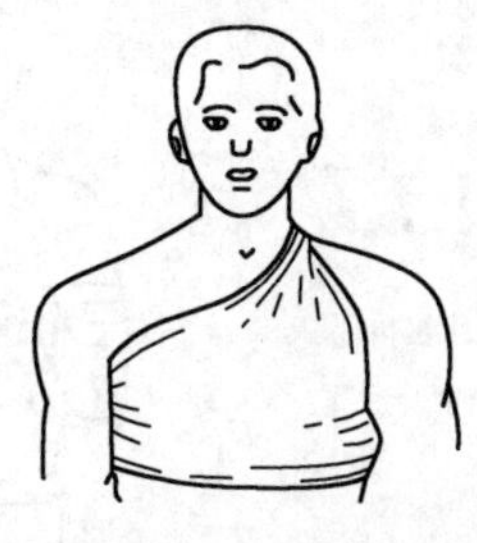

图 6-13　胸部包扎法

（四）骨折固定与搬运

1. 骨折固定

如果人摔倒或者受其他外伤后，身体的某个部位疼痛剧烈、发生肿胀、畸形、活动受限时，都有可能是骨折的特征。针对不同的骨折部位，可采用不同的固定方法。

（1）上臂骨折固定法。手臂屈曲，夹板放在内外侧，绷带包扎固定，然后用三角巾悬吊伤肢。上臂骨折固定法如图 6-14 所示。

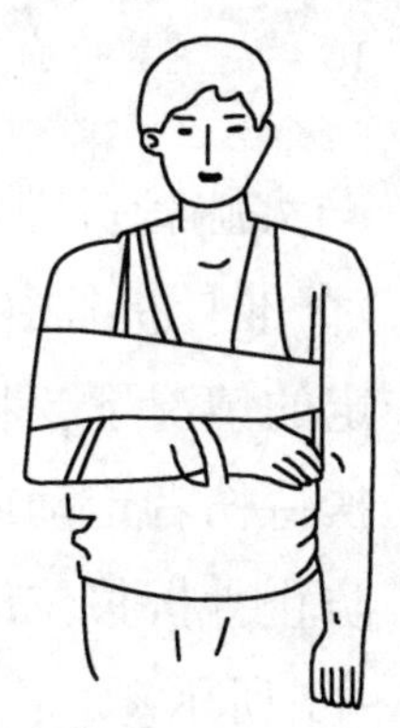

图 6-14　上臂骨折固定法

（2）前臂骨折固定法。先将木板或厚纸板用棉花垫好，放在前臂前后侧，用布带包扎，肘关节屈曲 90°，再用三角巾悬吊。前臂骨折固定法如图 6-15 所示。

图 6-15　前臂骨折固定法

（3）大腿骨折固定法。将伤肢拉直，夹板放在内外侧，外侧夹板长度上至腋窝，下至脚跟，内侧夹板较短，放至大腿根部关节处垫好棉花，然后用绷带或三角巾固定。如现场无夹板可用，可将伤肢与好腿并排摆正，用三角巾缠绕固定。大腿骨折固定法如图 6-16 所示。

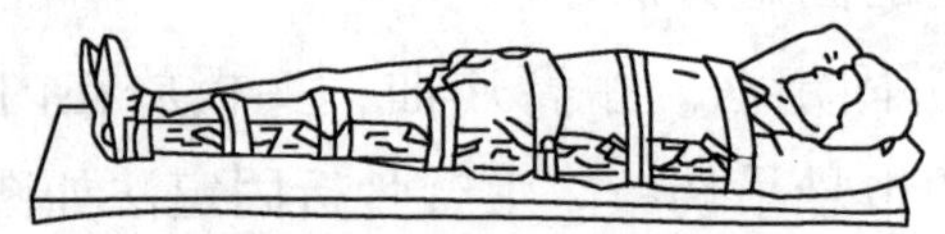

图 6-16　大腿骨折固定法

（4）小腿骨折固定法。与大腿骨折固定类似。

（5）脊椎骨折固定法。脊椎骨折往往病情严重，严禁不经固定而乱搬动。应在保持脊柱稳定的情况下，将病人轻巧平稳地移至硬板担架，用三角巾固定。切忌扶持伤者走动或躺在软担架上。颈椎骨折最好用颈托固定头、颈部，防止骨折移位压迫中枢神经造成的终生截瘫。脊椎骨折固定法如图 6-17 所示。

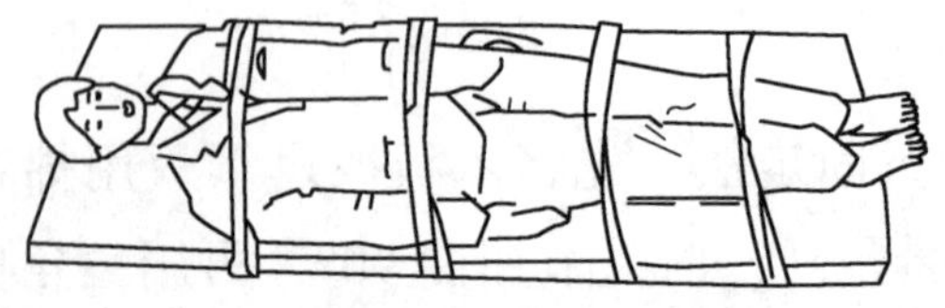

图 6-17　脊椎骨折固定法

2. 搬运

搬运伤员时，也应根据伤员的受伤情况采取不同的措施。

（1）平托法。将担架放在病人的一侧，搬运者 3~4 人蹲在病人的另一侧，两手分别托住头部、肩部、髋臀部、双下肢，然后动作一致地将伤员托起，平放在担架上，并用两条绷带将伤员固定在担架上。此方法适用于脊柱骨折、颅脑损伤等重伤员。

（2）翻滚法。搬运者双手伸入伤员的头部、前胸部、腹部、髋部、膝关节部，然后动作一致地将伤员翻滚在担架上，伤员应仰卧。此方法适用于脊柱骨折、颅脑损伤等重伤员。

（3）颈椎骨折搬运法。一人专门牵引头部，不使头部左右转动，用平托法搬运到担架上，再用专制的小沙袋两个或就地取材用毛巾、衣服折叠成小枕头，塞在伤员的颈部两侧，以防止搬运时头部左右摆动造成脊髓损伤。

（4）骨盆骨折搬运法。用两块三角巾对叠四层，在骨盆部作环形包扎固定后，再用平托法搬运到担架上。

（5）胸部损伤搬运法。胸部损伤的伤员，均有呼吸困难的症状，搬运时应让伤员上半身靠起，呈端坐姿态，这样能减轻呼吸困难的症状。在平托搬运时，托头部的人应将伤员的上半身托高搬到担架上，使伤员上半身靠起。

二、典型事故急救

（一）触电急救

随着现代化进程的发展，电气设备在生产经营场所可以说无处不在，人们发生触电击伤的事故也屡见不鲜。所以，学习如何进行触电急救，对于每一个工人来说非常重要。

（1）触电急救的第一步是使触电者迅速脱离电源。使触电者脱离低压电源应采取的方法如下：

① 就近拉开电源开关，拔出插销或保险，切断电源。要注意单极开关是否装在火线上，若是错误地装在零线上不能认为已切断电源。

② 用带有绝缘柄的利器切断电源线。

③ 找不到开关或插头时，可用干燥的木棒、竹竿等绝缘体将电线拨开，使触电者脱离电源。

④ 可用干燥的木板垫在触电者的身体下面，使其与地绝缘。

⑤ 如遇高压触电事故，应立即通知有关部门停电。

要因地制宜，灵活运用各种方法，快速切断电源。

(2) 触电急救的第二步是现场救护。

① 若触电者呼吸和心跳均未停止，此时应使触电者就地躺平，安静休息，不要让触电者走动，以减轻心脏负担，并应严密观察呼吸和心跳的变化。

② 若触电者心跳停止、呼吸尚存，则应对触电者进行胸外按压。

③ 若触电者呼吸停止、心跳尚存，则应对触电者进行人工呼吸。

④ 若触电者呼吸和心跳均停止，应立即按心肺复苏方法进行抢救。

(二) 危化品中毒急救

由于中毒的情况不同，因而急救方法也有所区别，但必须坚持“立即、就地、先救命后治伤、先救重后救轻”的急救原则。将中毒人员移离中毒环境至上风向或空气新鲜的场所，保持呼吸畅通，对各种情形的伤者在脱离危险区域后，采用以下相应的措施：

(1) 解除中毒者的呼吸障碍（如领带、领扣、腰带等），让其呼吸畅通。

(2) 对皮肤接触性中毒和化学烧伤的伤者，立即脱去被污染的衣物（但需注意保暖），用清水反复冲洗，冲洗时间不少于20分钟。

(3) 对眼睛中毒的伤者，立即翻开上下眼皮用洁净的清水冲洗，冲洗时间不少于15分钟。

（4）对呼吸道有异物阻塞的伤者，运用腹部冲击法使异物排出。

（5）对轻度吸入性中毒者，使其脱离有毒场所转移至空气新鲜处，注意休息与保暖。

（6）对中度中毒已昏迷、面部有青紫的缺氧现象的伤者，采取人工呼吸或苏生器强制供氧的方法进行供氧。

（7）对呼吸中止与心脏停跳等危重中毒者，立即将其摆躺成仰卧位，头、颈、躯干平直无扭曲，双手放于躯干两侧，躺在平整而坚实的地面、床板或担架上，进行人工呼吸、现场心肺复苏术或利用苏生器强制供氧法进行抢救。

（8）对受到外伤的伤者要给予初步止血、包扎、固定。

（9）对同时出现烧伤的伤者，利用冷水冲洗、冷敷或浸泡，降低皮肤温度，用干净纱布或被单覆盖和包裹创面。

（三）溺水急救

将溺水者抬上岸后，应立即清理溺水者口鼻的泥沙和水草。对出现心跳呼吸停止情况的溺水者，立即行现场心肺复苏术，包括开放气道、清除口鼻内异物，进行口对口人工呼吸及胸外心脏按压。注意心跳、呼吸恢复后可能重新停止，在现场抢救同时应组织后续的转送。

（四）烧烫伤急救

烧伤泛指由热力、电流、化学物质、激光、放射线等所致的组织损害，烫伤是由高温液体（沸水、热油）、高温固体（烧热的金属等）或高温蒸汽等所致的损伤。若处理不当，不但容易留下瘢痕和残疾，还会危及生命。因此，掌握正确的急救方法对伤者的治疗和疾病发展起重要作用。基于烧烫伤程度不同可采取不同的急救措施，具体方法如下。

1. 小面积、轻度烧烫伤

（1）立即、迅速避开热源。

（2）用冷水冲洗，或将烧烫伤的四肢浸泡在干净的冷水里，如此冲洗或浸泡15~30分钟，直至感受不到疼痛和灼热为止。躯干或其他部位可用冷敷方法，借以减轻疼痛，限制伤势的发展。

（3）发生烧烫伤时若穿着贴身的衣服，要在冷水冲洗后脱除或使用剪刀剪开小心除去。

（4）用清水冲洗后，局部涂烫伤膏，可用保鲜膜覆盖。

（5）烧伤如有水泡，尽量不要把水泡挤破，已破的水泡切忌剪除表皮。

2. 严重烧烫伤

（1）使患者尽快安全脱离热源。如果患者发生电烧伤，而触电已导致心脏骤停，应先挽救生命，进行心肺复苏，再处理烧伤和其他外伤。

（2）尽快用冷水冲洗或浸泡，冷却烧伤部位，以降低皮肤温度。要注意的是若伤者面色苍白、四肢发凉、脉搏细弱，烧伤面积30%以上，判断已处在休克时，不要用冷水冲洗。

（3）呼吸道烧伤易发生窒息，要高度警惕。注意清除呼吸道的异物，保持呼吸道通畅。一旦发生窒息或呼吸停止，立即进行心肺复苏。

（4）尽快送往医院进行进一步治疗。

参 考 文 献

[1] 刘建华．浅析安全管理与应急管理的协调合作［J］．智能城市，2018，4(20)：143-144.

[2] 张寒茜．浅析安全管理与应急管理的协调合作［J］．企业文化（中旬刊），2019（1）：184.

[3] 刘景凯．如何开展员工应急培训［J］．劳动保护，2019（11）：80-81.

[4] 赵原．剖析事故 完善应急处置［J］．劳动保护，2014（2）：36-37.

[5] 张学光，初建斌，夏爽，等．班组长安全生产与应急管理培训教材［M］．北京：气象出版社，2018.

[6] 魏宁．《生产过程危险和有害因素分类与代码》修订版标准解读［J］．安全，2010，31（4）：42-44.

[7] 吴轩，李竞，胡京民，等．油气管道重大突发事件应急响应对策［J］．油气储运，2019，38（12）：1338-1343.

[8] 李湖生．应急准备体系规划建设理论与方法［M］．北京：科学出版社，2016.

[9] 董文旭．安全生产应急准备与评估方法研究［D］．青岛：青岛科技大学，2019.

[10] 刘铁民．应急体系建设和应急预案编制［M］．北京：企业管理出版社，2004.

[11] 刘景凯．走出“一案一卡”的误区［J］．劳动保护，2018，522（12）：50-52.

[12] 郝甜甜，张小兵．应急演练准备设计基本要求及实现［J］．中国安全生产科学技术，2019，15（10）：114-119.

[13] 陈长秋．浅谈应急演练的必要性［J］．科技资讯，2014（29）：219.

[14] 张珩．应急演练工作对石油企业发展的意义［J］．中国石油和化工标准与质量，2017，37（11）：70，74.

[15] 冯军舰．论群体性事件的应急演练设计［D］．北京：中国人民公安大学，2017.

[16] 解玉宾，张小兵，王建飞，等．突发生产事故应急演练设计［J］．中国安全生产科学技术，2015，11（10）：141-148.

[17] 赵千里．新时代“四位一体”应急文化建设模式——金川集团股份有限公司文化建设实践［J］．中国应急管理，2019（2）：27-29.

[18] 韩霞．如何做好班组员工应急知识宣贯与培训［C］．中国石油石化安全生产与应急管理技术交流会．2014.

[19] 冷险峰．以班组为单位开展应急培训与演练的方法分析［J］．中国石油和化工标准与质量，2012，32（1）：215.

图书在版编目（CIP）数据

企业班组应急管理 / 罗云，盖文姝主编 . -- 北京：应急管理出版社，2020

ISBN 978-7-5020-8056-3

Ⅰ.①企… Ⅱ.①罗… ②盖… Ⅲ.①企业管理—班组管理 Ⅳ.①F273

中国版本图书馆 CIP 数据核字（2020）第 059843 号

企业班组应急管理

主　　编　罗　云　盖文姝
责任编辑　唐小磊　赵　冰
责任校对　陈　慧
封面设计　罗针盘

出版发行　应急管理出版社（北京市朝阳区芍药居 35 号　100029）
电　　话　010－84657898（总编室）　010－84657880（读者服务部）
网　　址　www. cciph. com. cn
印　　刷　海森印刷（天津）有限公司
经　　销　全国新华书店

开　　本　710mm × 1000mm $^{1}/_{16}$　**印张**　$10^{1}/_{2}$　**字数**　134 千字
版　　次　2020 年 5 月第 1 版　2020 年 5 月第 1 次印刷
社内编号　20200307　　　**定价**　35.00 元
